高等院校视觉传达设计核心课程
系列教材

Series of Teaching Materials for
Visual Communication Design Major of
Applied University

书籍设计
思考与创意

Books Design
Thinking and
Creativity

编著 —— 陈美欢

中国建筑工业出版社

图书在版编目（CIP）数据

书籍设计：思考与创意 = Books Design：
Thinking and Creativity / 陈美欢编著 . —北京：中
国建筑工业出版社，2021.6
高等院校视觉传达设计核心课程系列教材
ISBN 978-7-112-26143-7

Ⅰ. ①书⋯ Ⅱ. ①陈⋯ Ⅲ. ①书籍装帧—设计—高等
学校—教材 Ⅳ. ① TS881

中国版本图书馆 CIP 数据核字（2021）第 087293 号

本书以广州美术学院视觉传达设计专业方向教学大纲为基础，概述了书籍设计的基本理论知识，重点从传统文化的形态再现、概念与创意的立体整合、当下与未来的综合表达等三种不同类型的课题切入，结合大量优秀的书籍设计实例阐述，展示课题教学成果，并对当代书籍设计的发展做出分析，深入浅出，图文并茂，适合作为系统性教学用书，也适合相关行业从业人员及书籍设计爱好者作为自学用书。

责任编辑：杨　晓　吴　绫
文字编辑：李东禧
责任校对：王　烨

高等院校视觉传达设计核心课程系列教材
Series of Teaching Materials for Visual Communication Design Major of Applied University
书籍设计　思考与创意
Books Design Thinking and Creativity
编著　陈美欢
*
中国建筑工业出版社出版、发行（北京海淀三里河路 9 号）
各地新华书店、建筑书店经销
北京雅盈中佳图文设计公司制版
天津图文方嘉印刷有限公司印刷
*
开本：787 毫米 × 1092 毫米　1/16　印张：$8\frac{1}{2}$　字数：212 千字
2021 年 7 月第一版　2021 年 7 月第一次印刷
定价：**59.00 元**
ISBN 978-7-112-26143-7
　　　　　（37659）

丛书编委会

主　编：李　俭

编　委：陈美欢　苏琼英　张　真

　　　　郭湘黔　赵乾雁　柳　芳

　　　　岳敬霞　彭　威

总序

当德国包豪斯的设计思想开启了工业时代的现代设计教育体系至今，已有近百年历史，我们仍然沿袭着此种思想、观念和方法面对今天的设计教学。应用学科的教育滞后于应用对象的需求已成为不争的事实，这种现象在设计学科中尤为突出。人才培养往往在不适应需求的状态下才进行反思，常常是市场反推设计教育、教学做出被动的改变或转向。而处于被动态的点状调整缺乏系统学用研究，难以从根本上改变设计的各个专业的教学困境。

近二十年来，中国社会可谓实现了跨越式发展，不仅跨越了时代，也跨越了文明。信息化时代的数字技术正在快速改变人们的生活方式和思想观念，同时也动摇了工业化背景下的设计学科各个专业的教育、教学体系。视觉传达设计就是在传统的平面设计基础上扩展而来。随着科技进步，社会需求的改变和视觉传媒方式的更新，促进了商品在市场的流通方式和交易方式的重大转变，物联网、自媒体、支付宝、微信、淘宝等等。面对这些日新月异的变化，已完全超越了传统平面设计服务的认知经验和设计教育的知识体系，如何重新发挥视觉传达设计在商业市场竞争中的作用，并以此重建该专业的人才培养的知识体系，已成为当前视觉传达设计专业教学课程建设刻不容缓的任务。

该系列教材正是基于对以往教学课程中所存在的问题进行自反性思考和积极的论证形成的教改尝试，希望借此通过专业主干基础课程的改进，研究课程与课程之间的相关逻辑、教与学之间的相长关系，自下而上地触动对专业教学改革整体性关注，从而使视觉传达设计专业人才培养学以致用，回应当下社会需求，并在社会活动中有效发挥资讯传达的作用。

重庆科技学院 **李俭**

2021 年 4 月

序一

早在上千年前，造纸术、印刷术在中国的出现与传播，促成文明的交流与互动，时至今日依旧推波助澜，余波未已。在历史悠久的文化长河里，中国的书籍艺术在时代的变迁中推陈出新，探索书籍功能与美感之间的和谐共融，宋代典籍的美学范式影响至今，余韵不息。

互联网信息技术的发展日新月异，推进传统媒体和新兴媒体融合发展成为国家战略，我国庞大的传统书籍出版体系面临着前所未有的困局与挑战。如何看待与平衡传统纸媒与新媒介质的关系，设计如何为传统书籍艺术注入新的鲜活动力，则成为社会与学术的关注焦点。在此背景下书籍设计的价值也日益显现，这就要求当代的书籍设计师需具备更综合、更系统的能力。而教材作为培养书籍设计人才的基础载体，应结合当下的时代特征，追求对设计创新思维和系统方法的应用，从宏观、动态的角度进行阐释，完成从内容到形式的一系列推演与表达，注重培养当代设计师思想的感染力、敏锐的决策力与高效的执行力。

《书籍设计》是视觉传达设计专业教学体系里的核心课程之一，陈美欢近年来一直致力该课程的教学探索，本教材从不同视角介入对书籍设计的分析，以课题的形式洞析书籍设计的多种可能，具有一定的开放性与实验性。与其说这是教学成果的总结，不如说是教学改革与尝试的开始，这种改革与尝试需要满怀执意传统与锐意创新的精神，据于传统的创新，方可追寻到历史文化的气血，一脉相承。依于创新中的传统，才可与时代同频共振，不落窠臼。作为她的博士导师，我欣慰地看到她在教学道路上的成长，也期望她一直保有这份责任与热情。

是为序。

王绍强

2021 年 5 月

王绍强

广东美术馆馆长
中国艺术研究院研究员、博士生导师
澳门科技大学教授、博士生导师
广州美术学院教授、硕士研究生导师
曾任广州美术学院视觉艺术设计学院院长
著名出版人、艺术家

前言

本教材为中国建筑工业出版社规划的"高等院校视觉传达设计核心课程系列教材",适合全国视觉传达设计相关专业师生作为教学用书,也适合相关行业从业人员及书籍设计爱好者作为自学用书。在编写上,本教材以当前艺术设计学科最新的发展趋势为大背景,运用较为系统的、多维的教学观念、教学方法及教学手段,在调动学生学习积极性的同时,充分发挥了广州美术学院视觉传达设计的专业优势,力求让课程更具特色。

1. 教材内容突显广州美术学院教学特色

广州美术学院视觉传达设计专业以研究艺术设计领域内各类信息的沟通与传达为方向,课程设置以文化与传承、科技与创新为重点,关注文化动向与产业动态、新旧媒体的各自特征与相互转换。致力培养具备良好的设计思维能力、具有多元视觉表达与多种媒介运用能力的高级设计人才。2019年广州美术学院视觉传达设计专业被评为教育部"双万计划"——国家级一流本科专业建设点。本教材的主要内容是综合编者多年在视觉传达设计专业教授出版物设计、书籍设计、毕业设计、印刷材料与工艺等课程的教学过程与优秀成果编著的,前半部分为书籍设计的理论系统梳理,后半部分为书籍设计的教学实践,通过教学实践中积累的大量原创、优秀的学生作品以及著名设计师的优秀主题书籍作品的解读,结合学生们鲜活的访谈,让读者在直观而系统地巩固前半部分的理论内容的同时,能掌握从理论到实践的窍门,体现书籍设计的整体性,将相关知识点阐述得连贯系统,侧重适合图书市场和读者容易接受的内容,避免华而不实,并提倡

"教"与"学"同步,重点突出独具广州美术学院教学特色的视觉传达设计专业课堂。

2. 教材注重创造性思维的学习和培养

本教材注重学生创造性思维的学习和训练,每个大章节的最后部分都会设计与本章核心内容相关的思考题,通过对教材中各个知识点进行创造性思维的启发训练,使学生对书籍设计的理论知识与各个设计环节的关系及应用技巧都有较为具体的了解,能从多方面启发学生掌握书籍设计程序与方法,以达到活跃思维、启迪学生的自主创新意识,丰富想象空间的学习目的。并将当代丰富多彩的书籍设计课题实践,放在传统文化中去思考,放在全球视野中去思考,放在书籍设计发展的进程去思考。

面对多元阅读的21世纪,学校既是实验的场域,也是革新的场域,希望在这个书籍转型的新时代,我们能以先行者的姿态勇往直前,未来可期。

课程教学大纲

课程名称: 书籍设计

课程对象: 视觉传达设计三年级

课程性质: 专业课

英文名称: Book Design

一、教学目的和任务

　　《书籍设计》是视觉传达设计中较为综合的一门课程。通过本课程的学习，使学生较为全面了解书籍设计的基本理论、设计原则与方法，以及相关印刷材料与工艺常识。课程强调书籍设计的整体观念，引导学生在把握书籍定位、文本编辑的基础上，以书籍的审美和功能为出发点，运用形象思维和创新思维将文本进行书籍整体设计的视觉转化综合能力。

二、教学原则和要求

　　本课程遵循"理论与实践相结合"的原则，采取更主动的方式培养学生调研、观察、发现和实践的能力。课程一方面要求学生针对老师提出的限定性课题，在理解书籍设计的基本理论知识的基础上，根据不同题材内容灵活创新。另一方面要求学生从一个书籍设计者兼顾读者、出版机构、企业等多方需求的角度出发，突破现有书籍的常规形态，探索新的书籍设计样式。

三、教学方法

　　1. 课堂授课，包括书籍设计理论知识及优秀设计案例讲述。

　　2. 资料收集归纳，实地调研考察，文本策划编辑。

　　3. 开设专题讲座，提高学生对课题的理解及鉴赏力。

　　4. 学生提案，教师辅导，学生互评。

四、授课年限和学时安排

授课学期: 三年级 (上学期)

周学时: 16 学时

总学时: 64 学时 (4 周)

学分: 4 分

五、课堂作业

作业一: 书籍案例分析及选题调研报告。

作业二: 结合设定课题, 设计书籍作品一本 / 套 (要求书籍设计有一定创意, 结构完整)。

作业三: 文本作业一份 (书籍文本内容及阐述、记录、分析全过程)。

六、教学质量标准

1. 在限定课题的要求下, 书籍定位明确, 构思独特, 书籍整体视觉表现突出。

2. 按时按量完成作业, 书籍设计思维方案不少于 3 种。

3. 提案时对作品的表述逻辑清晰, 具有一定的应变能力。

4. 对特殊工艺与未来的书籍设计的发展趋势有一定理解。

七、考核和评分方法

1. 教学中, 通过问答、讨论、快题训练等考察学生的积极性、设计能力、表达能力、思维活跃性等, 此占 10%。

2.作业的完成过程占 20%。

3.作业的最终完成质量占 70%。

4.邀请专业教师汇评,给出综合分,无异议后上报。

八、教材与教学参考

1.陈美欢,《书籍设计:思考与创意》,中国建筑工业出版社,2021

2.吕敬人,《书艺问道:吕敬人书籍设计说》,上海人民美术出版社,2017

3.度本图书(Dopress Books),《平面设计工艺与创意:印刷与材料的创新实例》,中国青年出版社,2016

4.杉浦康平,《亚洲的书籍、文字与设计:杉浦康平与亚洲同仁的对话》,生活·读书·新知三联书店,2016

5.靳埭强,《视觉传达设计实践》,北京大学出版社,2015

6.善本出版有限公司,《书籍形态艺术》,电子工业出版社,2017

7.吴祐昕、朱冉,《设计文案》,清华大学出版社,2019

8.(英)安德鲁·哈斯拉姆,《书籍设计》,上海人民美术出版社,2020

9.(德)弗兰齐斯卡·莫洛克、米丽娅姆·瓦兹勒维斯基,《书籍设计》,中国青年出版社,2020

目录

Chapter One
Brief Introduction of Book Design

书籍设计概要简述

书籍是人类知识和文明的主要载体，追寻书籍的历史，就是回顾人类自身进步的阶梯，书籍的发展演变是中华文明的重要组成部分。本章从书籍设计的概念及功能出发，重点就中国与西方书籍形式的形成与发展分别作简要的阐述。纵观我国古代书籍的发展演变历史，正是与其制作材料与方法、时代特点和文化背景等因素相互促进的结果，整个发展历程都融入了古人不断地探索与创新精神。而了解西方书籍发展的艺术进程，探索其演变规律，有利于更好地开拓设计师的国际视野。

回顾历史是为了更好地传承与创新，通过东西方书籍文化发展的分析与对照，立足中国传统文化，融汇西方的书籍设计理念，对于当代书籍设计的发展、出版文化事业的进步等，均有着不可忽视的价值与意义。

第一节　书籍设计的概念与功能

一、书籍设计的概念

《辞海》曰：装订成册的著作即为书籍。书籍在狭义上是指带有文字、图像以及其他符号的信息合集，在广义上则可理解为人们表达思想、传达知识、交流经验的一种文化载体，是积累人类文化的重要工具。随着历史的迭代与发展，书籍在书写方式、使用材料、表现形态等方面，都在不断变化与变更。书籍设计（Book Design）是对书籍的整体设计，即是对特定的文本，通过对开本、文字、版面、插图、印刷、装订与材料等进行整合，从原稿到成书、由表而里、由内向外的一个全方位的系统工程。

书籍设计多年以来一直被称作"装帧设计"，"装帧"一词源于日本，在 20 世纪 30 年代由我国现代漫画事业的先驱丰子恺先生从日本引入中国，并沿用多年。现代的装帧实践已不能仅局限于封面设计、内文及插图设计，它应该在观念上做出转变。清华大学美术学院教授、我国当代著名书籍设计大师吕敬人老师从日本回国后一直倡导书籍的整体设计，即从"装帧设计"到"书籍设计"的观念转换。书籍设计应该是立体的整体性设计，装帧只是书籍设计整个过程中的一个环节。书籍设计整体观念的改变与确立不仅会提升设计对书籍本身的作用力，还将对中国出版业的进步与发展起到积极的推动作用。

二、书籍设计的功能

1. 基本功能

书籍是文化、知识传播的载体，它存储了大量的知识，无论以哪一种设计形式呈现，首先要以保护书籍、更好地传递文本信息为基本功能，通过编排、文字、插图等不同设计手法的融合，激活固有的文本内容，将信息以更清晰、更独特的方式呈现出来。同时要体现该书籍的基本精神和内涵，以艺术的形式方便读者阅读与收藏。

2. 市场功能

当今图书市场竞争日益激烈，新的市场需求不断推动着书籍形态的发展与更新，书籍设计的市场价值则日益显现。当书籍进入市场，成为商品时，立意新颖、个性鲜明、记忆度高的书籍设计更能够激发消费者的阅读兴趣与购买欲望，加强了书籍的市场竞争力。谁能适应市场竞争，适应消费者，并在书籍的设计上独树一帜，谁就将占领市场，从而获取更大的市场利益。

3. 文化功能

书籍是传承文化的重要形式，也是文化积累的重要手段。面对信息时代的各种挑战，好的书籍设计能赋予书籍更深层次的文化价值，将书籍转变为文化交流的载体，为世界文化的传承和发扬作出贡献。

日本设计大师杉浦康平的设计作品《传真言院两界曼荼罗：京都教王护国寺中两个世界的曼荼罗》，整套书一共分为六册，分别两两装在一起，有三种装订方式，有西式装订、经折装和卷轴装，运用了两种文化的装帧方式，不但体现出书籍装帧形式的延续，更是世界文化的传承与融合。

第二节　中国书籍设计简述

一、中国书籍形式的形成与探索

　　谈到书籍，不能不谈到文字，文字是书籍的第一要素。中国书籍形式的形成与文字的历史发展是休戚相关的。在文字出现之前，远古的先民是通过"结绳记事"的方式来记录历史的，即用不同粗细的绳子，在上面结成不同距离的结，每种结法、距离大小以及绳子粗细表示不同的意思。中国自商代就已出现较成熟的文字：甲骨文。到周代，甲骨文已经向金文、石鼓文发展，后来随着社会的逐步发展，又完成了大篆、小篆、隶书、草书、楷书、行书等文字的演变，书籍的材质和形式也得以逐渐完善与发展。

商代甲骨

1. 甲骨

　　通过考古发现，在河南"殷墟"出土了大量的刻有文字的龟甲和兽骨，这就是迄今为止我国发现最早的作为文字载体的材质。从甲骨文的布局和排列上看，已初具篇章的韵律之美。其中甲骨文的"册"字写作"▦"，从字体的形态上看可理解为刻上文字的甲骨串联在一起的意蕴。我国著名的文化学者郑振铎曾在《插图本中国文学史》描述到"许多龟板穿成册子"，说明了那时已出现了书籍的萌芽，可算作是中国书籍的第一种形式。

玉版

2. 玉版

　　版，指简牍。"牍"，《说文解字》释为："牍，书版也。"以玉石作为简牍，是谓"玉版"。《韩非子·喻老》中记载："周有玉版，纣令胶鬲索之，文王不予；费仲来求，因予之。"据考古发现，周代已经使用玉版这种高档的材质书写或刻文字了，由于其材质名贵，用量并不多，多是上层社会的用品。

竹简

3. 竹简

　　许慎在《说文解字·序》中说："著于竹帛谓之书"。将竹子加工成统一规格的竹片，再放置火上烘烤，蒸发竹片中的水分后在竹片上书写文字，便成为竹简。竹简再以革绳相连成"册"，称为"简策"。从简策开始，古代的书籍开始具有比较完整的形态，已经具备了现代书籍装帧的基本形式，这对中国书籍文化产生了极为重要和深远的影响。

4. 木牍

　　与竹简的形式相近的是木牍。木牍是用于书写文字的木片，而记载在木牍上的文字，常被称为"方"或"版"。与竹简不同的是，木牍以片为单位，其长度也因功用不同而有所区别。据考证，我们今天有关书籍的名词术语，以及书写格式和制作方式，也都是承袭简牍时期形成的传统。

木牍

5. 缣帛

缣帛，是丝织品的统称。缣帛的书文是直接书写在缣帛之上，与简策卷成束状的装订形态基本相同。在先秦文献中多次提到了用缣帛作为书写材料的记载，《墨子》中提到"书于竹帛"，《字诂》中说"古之素帛，以书长短随事裁绢"，由此可见缣帛具有质地轻薄、书写面积大、便于携带的优点。但因缣帛价格昂贵，难以大规模普及，一般只用于珍贵文书和图画的书写和绘制。

6. 纸

"缣贵而简重"，真实地道出了缣帛和竹木作为书籍材料的不足之处。直到东汉的蔡伦总结各种造纸经验，于公元 105 年发明了造纸术。魏晋时期，造纸技术、用材、工艺等进一步发展，几乎接近近代的机制纸了。到东晋末年，桓玄正式下令："古者无纸故用简，今诸用简者，宜以黄纸代之。"从此，纸正式代替了笨重的简策和昂贵的缣帛制书。因纸张轻便、灵活和便于装订成册的诸多优点，使得书籍才真正谓之为书。

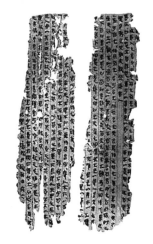

缣帛

二、中国书籍形式的演变与发展

中国造纸和印刷术的发明，是对人类文明做出的重大贡献，也对促进书籍发展起到了至关重要的作用。东汉纸的发明，确立了书籍的材质，而隋唐雕版印刷术的发明，不仅让知识和信息的传播大大加快，还促成了书籍的成型与书籍形式的演变与发展。

卷轴装

1. 卷轴装

卷轴装始于帛书，帛书又称帛卷，其方法是将印页按规格裱接两端粘接于圆木或棒材轴卷成束。隋唐时期，佛学的兴盛使得大量佛经从印度传入中国，这些佛经多采用贝叶的装订形式，贝叶是一种叫贝叶棕的植物叶片，经处理后将叶片整齐叠放，以绳子穿扎，便成为一部书。可见，书籍形式的发展是先由卷轴转变为折叠，再转变成册页形式的过程，叶子作为其中一种形式也是不容忽略的。

叶子

2. 经折装

经折装出现于唐代，是在卷轴装的基础上改造而来的，将本来卷轴形式的卷子改用左右反复折合的方法，形成折子的形态，折子的最前面和最后面便是书的封面和封底。佛经多采用经折装的形式，因此古人称这种折子为"经折"。经折装解决了卷轴装展开和卷起费时、不便的问题，翻阅的便利性使其具有较高的普及度，一直流传至今。

经折装

3. 旋风装

唐代中叶，在经折装的基础上，人们又不断对它加以改进，出现了旋风装。据考证，唐代太和末吴彩鸾抄写《唐韵》首先使用旋风装的形式。旋风装形同卷轴，由一长纸做底，长纸首页全裱穿于卷首，次页起，向左裱贴于底卷上，遇风吹时，书页如旋风般随风翻飞，故名旋风装。展开时，书页又如鳞状有序排列，故又称龙鳞装。

旋风装

4. 蝴蝶装

蝴蝶装始于唐末五代，盛行于宋元，它是伴随着雕版印刷技术的发明产生的。蝴蝶装是将雕版印刷完成的一张张的页面，向内对折，版心向内，再以中缝为准，把所有页码对齐，用糨糊粘贴在另一包背纸上，然后裁齐成书。蝴蝶装的书籍翻阅起来就像蝴蝶飞舞的翅膀，故称蝴蝶装。这种形式既避免了经折装折痕处容易断裂的缺陷，也省去了将书页粘成长卷的繁琐，开创了书籍装帧形式中独具特色的宋版书版式的先河。在宋代，除了佛经以外，大部分书籍都采用蝴蝶装。

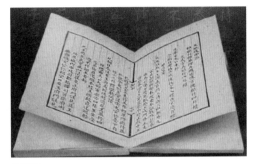

蝴蝶装

5. 包背装

张铿夫先生在《中国书装源流》中提到："盖以蝴蝶装式虽美，而缀页如线，若翻动太多终有脱落之虞。包背装则贯穿成册，牢固多矣。"因此，到了元代，包背装逐渐取代了蝴蝶装。包背装是在蝴蝶装的基础上进行改良，与蝴蝶装相反，将印有文字的纸面向外对折，背向相对，所有折好的书页，叠在一起，版心内侧余幅处用纸粘穿起来，再用一张稍大于书页的纸从封面包到封底，裁齐余边即成书。翻阅时，每翻一页都能看到内容，改变了蝴蝶装在阅读中连翻两页的不便，增强了阅读的功能性与体验感。

6. 线装

明朝中叶以后，包背装由于翻阅过程中易散落的缺点被线装所取代。线装和包背装的折页方式基本一样，但不再用一整张纸胶粘封面、封底，而是上下各置一张书页，上下裁切整齐后再在书脊处打孔用线串牢。线装书一般只打四孔，称为"四眼装"，特殊情况下也有"六眼装"或"八眼装"。线装的明显特征是装订的书线外露，它不易散落，实用性强，是古代书籍形式发展成熟的标志。

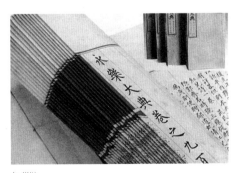

包背装

线装

第三节 西方书籍设计简述

一、西方书籍形式的诞生与由来

千年来，世界各国的书籍文化，也在随着技术的进步而不断发展。人类最早的文字约于公元前 4000 年，是由美索不达米亚的苏美尔人和闪米人（又称腓尼基人）创造的楔形文字。苏美尔人使用三角形的凿子在软泥板上刻写文字，线条笔直，形同楔形。软泥板经过晒或烤后形成坚硬的字板，一张张厚厚的字板组合起来，便成为一页页能翻动的"书"。

苏美尔泥板

公元前 3000 年，在四大文明古国之一的埃及，人们发明了象形文字，用芦苇制成笔写在莎草茎制成的莎草纸，这种纸产于尼罗河流域湿地，一般为 6 米长，12~30 厘米宽，阅读时展开，用完再卷起，呈现出书的一种可认知的原始形态。

由于莎草纸未经化学处理，会产生潮湿、虫咬等不易保存的问题，使得这种书写方式也未能大范围普及。罗马人发明的蜡版书、公元前 2 世纪产生的羊皮纸都是古人对书写的材质和阅读方式在不断改进中发展的最好见证。值得一提的是羊皮纸，它比莎草纸轻薄，质地结实，折叠方便，并可两面记载，采取册籍的形式。由于册籍翻阅起来比卷轴容易，方便查阅、携带和收藏，到了公元 3、4 世纪，册籍的形式渐渐得到普及。

抄写在莎草纸上的典籍

二、西方书籍形式的流传与演进

1. 欧洲的古抄本

在印刷术出现前的欧洲，先后产生了十分绚丽的抄本书籍，这种古抄本是当时最主要的书籍。在这样的土壤中逐渐到达了卡罗林和哥特艺术风格时期书籍艺术的顶峰。这一时期所应用的手抄字体变得更狭长、更华丽，形成了哥特字体，这种字体主要在宗教书籍中使用，大量基督教僧侣通过手抄方式，使大量古典书籍得以保存和传播。

羊皮纸卷轴

2. 古腾堡时期的书籍

到了 5 世纪左右册本基本取代了卷轴而成了西方书籍的主要形式。随着中国印刷术的引入，西方逐步摆脱了手抄书籍的束缚，开始以雕版的方式进行着印刷书籍的尝试。

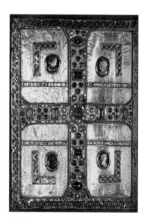

欧洲古抄本福音书

15 世纪中叶，在德国的美因茨地区，古腾堡发明了图书制造的革命性技术——金属活字版印刷术和木制印刷机，它深刻地改变了人类思想传播的历史。1454 年，四十二行本《圣经》（42-Line Bible）由古腾堡在德意志美因兹采用活字印刷术印刷完成，因每页两栏，每栏均为 42 行，故名。它是西方活版印刷术发明初期最具代表性的古籍制品，被誉为活版印刷的里程碑，它的产生标志着西方书籍批量生产的开始。直到 20 世纪以后，从总体的视觉面貌上，西方书籍都保持了自古腾堡时代以来形成的基本特征。

福音书插图　　　　古腾堡《圣经》　　　　　　　　　威廉·莫里斯《呼啸平原的故事》

3. 欧洲文艺复兴以后的书籍

16 世纪，文艺复兴运动风行全欧洲，印刷术得到快速发展，书籍为新思想的传播起到了重要的作用。在 19 世纪初，英国曾经是世界书籍艺术的中心，威廉·莫里斯（1830 — 1896）被人们誉为现代书籍艺术的开拓者。1890 年莫里斯在凯姆斯各特（Kelmscott）开办印刷工厂，从事书籍装帧设计，他用精美的皮革、丝绸、麻织等面料制作精装书，封面图案多采用美丽流畅的花草植物纹样，形成以优雅、华丽著称的装帧艺术风格。

欧洲文艺复兴时期的书籍

19 世纪中期，英国书籍设计界掀起了一股复兴的浪潮，被称为"书籍设计的文艺复兴"，19 世纪下半页到 20 世纪初期，由于受到工业革命的影响，西方资本主义世界迅速发展，印刷水平也有了相当大的提高，这就大大促进了西方世界书籍装帧艺术的发展。

威廉·莫里斯《乔叟集》

课堂练习 + 章节思考题

课堂练习

1. 结合书籍设计的优秀实例，分析其功能特点。
2. 以信息图表的形式表现出中西方书籍形式的发展历程。

章节思考题

1. 为什么说书籍设计应该是立体的整体性设计？
2. 对比中国与西方书籍形式的发展过程，不同发展阶段有何特点？
3. 中国书籍的装帧形式对现代书籍设计的发展有何影响？

Chapter Two

Analysis of Book Design Essentials

—

第二章

书籍设计要领阐析

—

　　书籍设计是一个从平面到立体、从二维到多维的系统综合的设计过程，是对书籍进行的整体设计。从书籍文字、版式、色彩以及图形的设计，到开本的大小、纸张，印刷工艺的运用和装订方式的选择，都是设计师必须考虑的重点。本章对书籍设计的基本构成要素、书籍设计的程序与方法以及书籍的印刷与制作等知识要领都分别进行了必要的阐述与分析，配合与知识点相对应的优秀案例，有利于读者较为全面地了解书籍设计的全过程，包含知识性、技术性等问题，引导设计师创作出具有多元美感的书籍形式。

第一节　书籍的基本构成要素

书籍的基本结构可分为外观部分和内页部分，外观部分包括护封、封面、书脊、函套、勒口、腰封、订口、切口等。护封顾名思义，是保护封面的外部结构，它的高度一般与书相等，长度能把整本书的前封、书脊和后封都包裹住，在两边各有 5～10cm 的勒口，起到保护、装饰封面的作用。封面是书籍的首要组成部分，直接影响书籍给读者带来的第一印象。我国著名装帧艺术家钱君匋先生说过："一本书的封面设计的好坏直接影响到读者的情绪。"可见，封面在起到保护书芯作用的同时，既体现书的内容、性质，更具有宣传书籍主题的重要功能。书籍的内部组成部分包括环衬、扉页、版权页、前言、目录、正文、插图等（具体的概念解释详见附录一）。如何通过丰富的视觉符号将书籍的创意构思呈现在读者面前，必须抓住书籍设计的基本构成要素：文字、版式、图形、色彩。

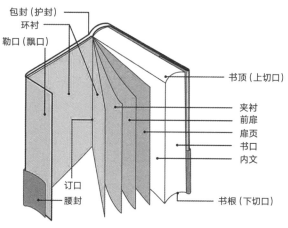

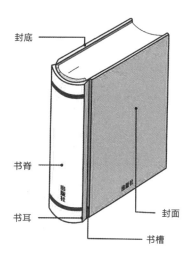

书籍结构

《山怪》/ 设计：王志弘

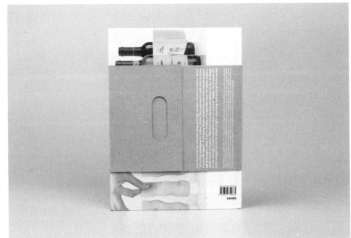

《Unpack Me Again—Packaging Meets Creativity》/
设计：SANDU Design

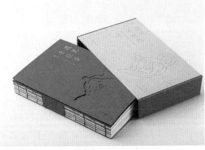

《遇见手拉壶》/ 设计：余子骥、蒋佳佳

一、文字：字体和应用

文字是书籍内容的主要表现形式，承载着表达信息的任务，是书籍与读者之间的桥梁。不同的字体、字号、编排方式及其组合方式都直接影响书籍的最终视觉效果。字体属于造型元素，不同的字体都有自身的性格与特征，其外观形态、比例结构与笔画组成的变化都能够给读者带来不同的视觉体验，如黑体稳重，给人庄严感；宋体典雅，传达精巧感；书写体自由，释放轻松感，等等。而现代书籍的文字编排方式有齐头齐尾、齐头不齐尾、对齐中央、竖文字、横文字、自由文字等多种形式。在进行正文排版时，对于多标题的稿件，一般可采用不同的字体或变换字号的方法来分层次，习惯上的字体排号是按照由大到小、由重到轻的顺序，交替使用。对于同一等级的标题一般使用相同的字体、字号。设计师需根据书籍不同的气质风格选择与版面内容相契合的字体及组合，通过字体在书籍中的灵活应用，使书籍整体更具层次感与记忆度。

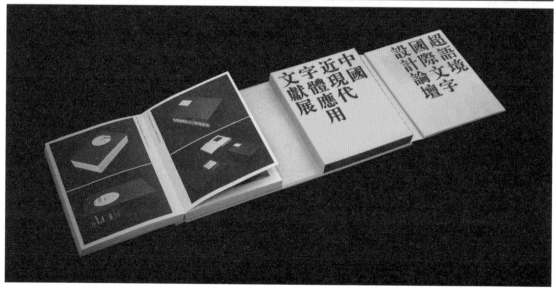

《文字设计在中国》/ 设计：潘焰荣

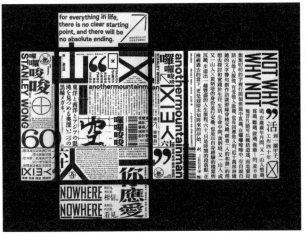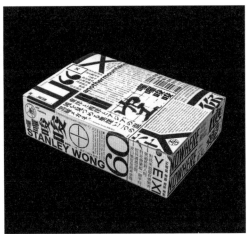

《啰啰唆唆——又一山人六十年想过写过说过听过的》/ 设计：麦启桁

《金陵小巷人物志》/ 设计：周伟伟

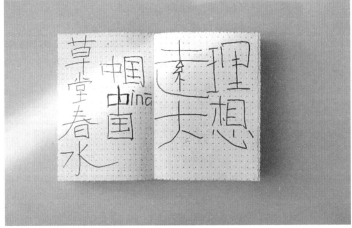

《爱不释手》/ 设计：洪卫

二、版式：编排和结构

版式设计也称书籍的内部设计，与书籍的外部形态设计相统一，主要包含对扉页、目录、正文等文本内容以及相关图像的版面空间的编排规划。设计师需对版面的标题、正文、页眉、页脚、页码等各构成要素从视觉上进行重新排列和组合，处理好版面的虚实比例关系。版式设计是为书籍的主题内容服务的，其个性定位决定了一本书的基调。优秀的版式设计能更好地传达书籍的内容与思想，提升书籍对读者的吸引力。

1. 版式设计中点、线、面的运用

版式设计要遵循规范性、有序性、美观性的原则，协调点、线、面与空间的编排构成关系。点、线、面在版式设计中的巧妙应用，不仅能增强版面的美感，还能引导读者更有效地进行阅读，理解书籍的内涵。

点不仅仅指圆点，版面中细小的图形、文字等元素都可理解为点。版式设计中的点通过大小、形状、方向、位置、数量等不同构成形式的变化，形成丰富多样的视觉效果，具有平衡、点缀画面的作用。

《IMPRINT 2》/ 设计：SANDU Design

线是点的发展和延伸，由无数个点的运动而成。作为版式设计的主要语汇之一，线的形式更具多样性，长度、宽度、方向、形状、位置不同的线会产生不同的设计效果，对版面的分割与组合起到重要的引导作用。

《Lonely Planet 的故事——当我们旅行》/ 设计：张志奇

面即指点放大，也是线重复移动后形成的块面。它包括文字、线条的分割和组成形式。线的分割能产生各种比例关系的面，面在版面上所占的面积最大，一片大色块、一片留白、一张大图片、一整段文字都能理解为面。因而在视觉上要比点、线要更强烈，在画面上往往具有举足轻重的作用。

《Formica Forever》/ 设计：Abbott Miller，Kim Walke

2. 网格设计

网格设计作为一种行之有效的设计手段和方式，在书籍版式设计中占有重要地位。网格设计系统又称栅格设计系统，1629 年法国提出以罗马体为基础，采用方格为设计依据，是世界上最早对字体和版面进行科学研究的成果，也是栅格设计系统的雏形。1919 年德国包豪斯学院成立，包豪斯平面设计具有高度的理性化、功能化、系统化。包豪斯解体后，瑞士的设计师们继承了包豪斯的设计思想，继续完善网格设计，直到 20 世纪 50 年代网格设计流行于世界各地。

网格设计是在页面上依据一定的数字级数与比例关系，通过严格的计算，把版心划分为统一尺寸的网格，以此来分配文字和图片的一种版式设计方法。网格设计重视比例感、秩序感以及时代感，将版面分为单栏、双栏、三栏以及更多栏，把文字和图片安排其中，使版面产生一定的节奏变化，提高了设计者对版式设计中功能性、逻辑性和视觉美感的把控。由著名设计师韩湛宁老师领衔设计的作品《阅读看见未来》特邀 36 位深圳名人，一人撰写一篇有关阅读的佳作，各行各业、不同身份背景的作者讲述了他们关于阅读的故事，读者可以在该书中一窥深圳文化人和企业家的精神风骨。为了突出展现每个人的不同，在版式设计上运用了严谨的网格设计规范的同时，每个版的版心是游动的、不断变化的，丰富内容的同时使版式更加富有秩序。

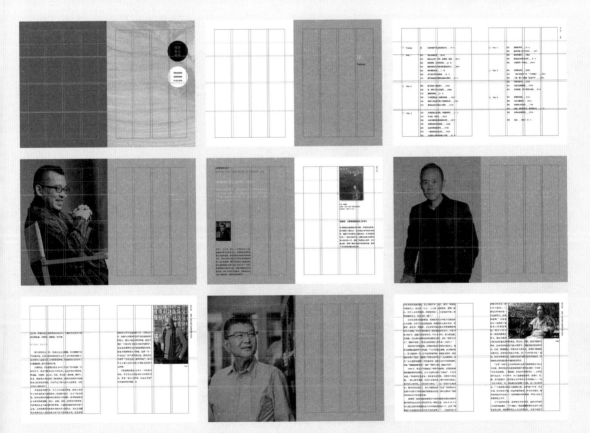

《阅读看见未来》/ 设计：韩湛宁 + 亚洲铜设计顾问

《阅读看见未来》/ 设计：韩湛宁 + 亚洲铜设计顾问

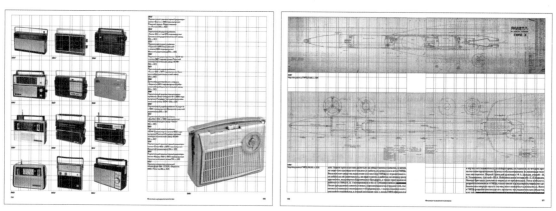

《PHYSICS FOR USSR》/ 设计：Timur Babaev

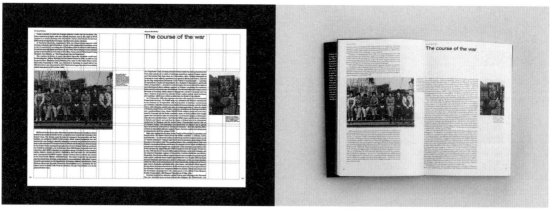

《First：The Humans in Space》/ 设计：Leticia Ortln，Angela Monteiro

三、图形：表现和技法

除文字之外，图形是信息传递的又一重要途径，在人类创造性地使用文字以前，都是以图形记录历史。书籍中的图形是对穿插于正文中或独立呈现的绘画、摄影或电脑合成、印刷而成的视觉图像。当下生活节奏的加快使现代人更愿意选择更直接、更形象的传达方式，调查显示，人们对信息的接受80%来自图像，我们已进入了"读图时代"。因此，书籍中图形的作用也正不断被放大，图形不再是纯粹的装饰，而是使文本内容更生动地表现出来，大大加深读者的视觉印象。特别是近年来信息图表图形化、视觉化的呈现方式使枯燥的数据信息变得直观而简明，而图形的表现和技法则要根据书籍的内容以及不同阅读群体的审美和阅读需求，给他们提供良好的阅读体验。

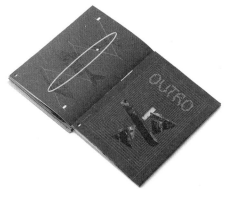

《Anatomy of Hue K TNOP》/ 设计：Bangkok

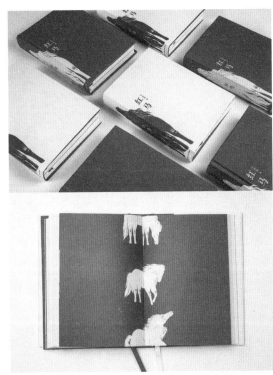

《Shapes》/ 设计：Dacid Lorente

《红马》/ 设计：韩湛宁＋亚洲铜设计顾问

四、色彩：情感和语言

色彩赋予书籍丰富的表现力，给人带来的感受是敏感而快速的。不同的色彩能调动人不同的心理情感。如红、橙、黄等暖色给人以温馨、热情的感觉；蓝、绿、青等冷色让人感觉沉稳、冷静；黑、白、灰作为无彩色，则给人带来深远的肃穆感。不同社会群体对色彩的视觉情感和心理认知都具有一定的差异性，因此，在书籍设计中，需要分析目标读者的色彩认知特点，使用恰当的色彩语言，为书籍的主题内容创造形式和意义，才能更好地体现书籍的性格和设计者的个性，使读者透过色彩语言的解读，被带到一种气氛、意境或者格调中去，充分调动读者的情感。

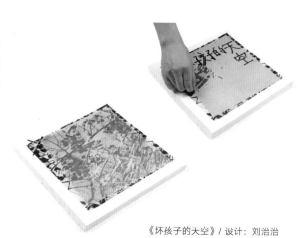

《坏孩子的天空》/ 设计：刘治治

《第十六届亚太设计年鉴》/ 设计：麦启桁

《沂蒙田野实践》/ 设计：黄姝、李艾霞

第二节　书籍设计的程序与方法

一、文本解读：文本资料的分析与整合

　　文本解读是对书籍的主题文本资料进行分析，明确文本的核心内容、设计目的以及阅读对象，进而将文本信息条理化、逻辑化，寻求内容的相互内在关系。吕敬人老师曾说过："设计的服务对象有两个，一为内容，二为读者。书籍设计师工作的起点就是解读内容，从最原始的文本寻找灵魂所在，并找出揭示代表其内涵的一个或一组思想符号，这是解开书籍设计视觉结构的一把钥匙。"可见，文本解读是书籍设计的第一步。

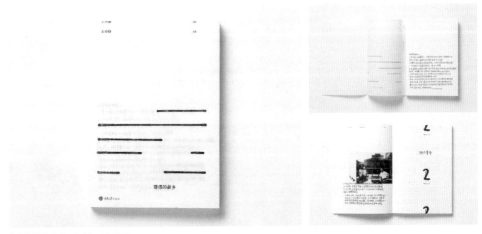

《薄薄的故乡》/ 设计：孙晓曦

《马家辉家行散记》/ 设计：千遍工作室

二、调性定位：设计调性的选择与把控

　　书籍设计的终极目的是向读者传达信息，确立书籍的设计定位和主调是完成书籍设计关键一步。不同类型的书籍会有不同的设计要求，其设计定位会有所不同，如文化类书籍的设计定位往往需突显书籍的文化内涵，整体调性较为雅致、平和；商业类书籍设计的重点是如何能迅速抓住读者的眼球，促进消费，整体调性偏向热烈、响亮；儿童类书籍的设计定位则更为清晰，紧紧围绕儿童的阅读特点，调性活泼，具趣味性等。书籍设计调性的选择与把控，对之后各阶段的顺利进行起到重要作用，而创作灵感的兴趣点往往能促成主调的设立。

《墨香书条石》/ 设计：俩小布

《CAO FEI：HX》/ 设计：孙晓曦

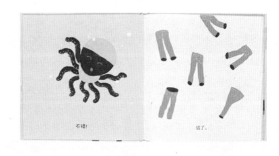

《错了？》/ 设计：杨思帆

《你是哪里人》/ 设计：韩湛宁 + 亚洲铜设计顾问

《躁郁之心》/ 设计：A BLACK COVER DESIGN（ABCD）

三、符号提炼：视觉符号的归纳与确定

　　书籍在整体设计的过程中需要给读者提供完整而独特的视觉感受，因此贯穿全书的视觉符号的提炼与把握能力对设计师而言非常关键。视觉符号是以"感知渠道"为界定坐标，为各种运用视觉进行传播的符号建立起一种具有共通性的理论诠释。而书籍设计中的视觉符号是以文字、图像、色彩、空间等符号要素所构成的用以传达书籍主题信息的媒介载体。视觉符号归纳与确定的过程是书籍整体设计中寻找创意突破的重要节点。

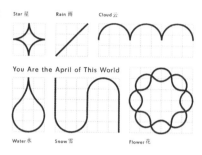

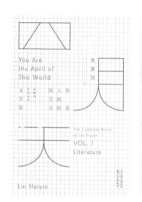
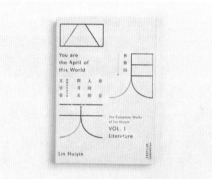
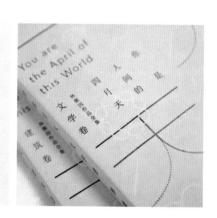

《你是人间的四月天》/ 设计：王志弘

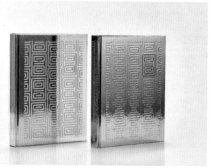

《香港建筑师学会 2016-2017 年鉴》/ 设计：衍信传意

四、形态确立：立体形态的研究与构建

　　书籍设计不是单向性的、平面化的，它是一门复合性的、立体化的综合艺术。要构建出符合书籍主题的立体形态，做到内容与形式的高度统一，最重要的是通过对文本内容与精神的深入理解和研究，发挥无穷的想象力与创意执行力，按照不同的书籍内容赋予其合适的形态，使读者在形态解读的过程中即能理解书籍的主题内容。

《JOURNEY TO THE WEST 方大同》/ 设计：钱臻皇

《中国弹起》/ 设计：刘斯杰

五、设计呈现：整体视觉的设计与协调

　　书籍的基本形态大致确立以后，即进入具体设计呈现的阶段。这一阶段是对书籍的具体文本内容进行全面统一设计的过程，通过不断协调图文信息、版式逻辑、视觉符号等书籍设计语言之间的关系，把握好书籍整体视觉的设计呈现，以视觉化信息传播的手段为书籍文本寻找恰当的叙述语言，选择合适的纸张与印刷工艺，力求为读者提供超越文本的阅读体验。

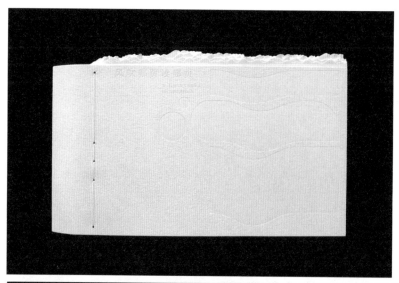

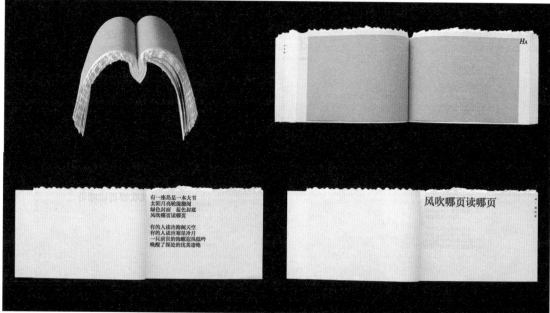

《风吹哪页读哪页》/ 设计：刘晓翔

《莱比锡的选择——世界最美的书 2019-2004》/ 设计：赵清

《铜场年鉴·TONE》/ 设计：王子豪

六、阅读查检：最终效果的调整与检视

　　设计要体现书籍的阅读本质，书籍的整体设计需要在反复的阅读查检中不断完善，在一遍又一遍的调整与检视中达到最好的效果。阅读查检可从以下几个方面进行：可读性（阅读的流畅度与版式的节奏感）、思想性（文本内容的内涵表达）、独特性（凸显书籍的创意与个性）、整体性（书籍的内容与形式的统一）等。

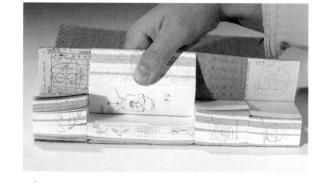

《订单——方圆故事》/ 设计：李瑾

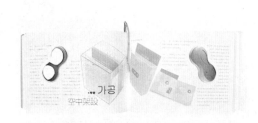

《书·筑: 介入》/ 设计：吴勇

第三节 书籍的印刷与制作

一、书籍印刷流程概要

1.书籍的印刷方式

在书籍设计实践中，设计与印刷是密不可分的，印刷的质量关系到整本书呈现的质感与设计实现度。设计与印刷结合应用，才能使书籍信息与内涵更好地传达。印刷是将图文信息转移复制到承印物上的技术工艺，现代印刷方式主要分为传统印刷和数字印刷。

（1）传统印刷

传统印刷是一种通过印刷模版进行大量复制的印刷技术。根据印刷模版的不同，传统印刷主要分为凸版印刷、凹版印刷、平版印刷和丝网印刷四大类。现代书籍印制中主要采用平版印刷，辅以丝网印刷。

现代印刷机（柯式印刷机）

平版印刷又称胶版印刷，指印刷部分与非印刷部分在同一平面上，利用水油不相混合的原理使版面上油墨之后，印刷部分便排斥水分而吸收了油墨，非印刷部分则吸收水分而形成抗墨作用，通过镁版将画面转移到印刷机的胶版上，纸张过机时，经过 CMYK 滚筒后染上该图案特有的颜色，最后混合呈现出完整的图像。C、M、Y、K 即蓝、红、黄、黑，是四色印刷的特定称谓，四色印刷采用的是 CMYK 对应的四色油墨，利用网点叠加的方式呈现原稿。近年来，随着书籍印刷要求的不断提高，专色的应用越来越普遍，专色是专门用特定的油墨来印刷的颜色，这种特定的油墨叫专色油墨，是由印刷厂预先混合好或油墨厂生产的，因此印刷的颜色比四色合成的颜色更为准确。丝网印刷是指用丝网作为版基，并采用手工刻漆膜或光化学制版的方法制成丝网印版，印刷时通过刮板的挤压，使油墨通过图文部分的网孔转移到承印物上，形成与原稿一样的图文。丝网印刷设备简单，操作方便，效果特殊，若应用得当能更充分地表达原稿内容的质感，使书籍设计更富表现力。

丝网印刷

（2）数码印刷

数码印刷

数码印刷是利用印前系统将图文信息直接通过网络传输到数字印刷机上转换成印刷品的一种完全区别于传统印刷的新型印刷技术。数字印刷不需要胶片和印版，无水墨平衡问题，简化了传统印刷工艺中繁琐的工序，大大节省了人力成本。因此，数码印刷以其操作简便、灵活高效等优势，在设计领域获得非常广泛的应用，从大面幅印刷到书籍的印刷，不同的印

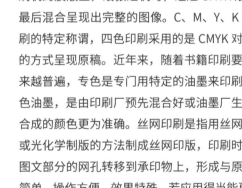

刷方式呈现出不同的设计风格，尤其为无法大批量生产的实验性书籍设计作品提供了更为广阔的设计空间。

2. 书籍印刷流程

数码印刷

综合传统印刷和数字印刷两种不同的印刷方法及其特点，印刷作业流程习惯上分为前、中、后三个阶段。传统印刷前期的工作包括从获取原稿、设计、出片、晒版到打样的过程。印刷中期是指印刷机印制半成品的过程。印刷后期的工作一般指对印刷半成品进行后道加工，包括裁切、整饰加工等，整个过程为原稿→设计→出片→晒版→打样→审验→印厂晒板→成品。而数字印刷则省去了印前出片、晒版等环节，只需原稿设计好即可进行印制，完整流程可概括为原稿→设计→审验→成品。

二、书籍印刷材料与工艺

1. 书籍印刷材料的种类

书籍材料是书籍主题和内容物化的载体，是塑造书籍整体形态的基本条件。正如《考工记》所言："天有时，地有气，工有巧，材有美，合其四者，才能为良。"读者通过视觉、听觉、触觉、嗅觉、味觉等"五感"体会书籍的主题和内涵，材料的巧妙运用是现代书籍设计中调动读者"五感"强有力的设计语言，它的质感、肌理、色彩等都会影响书籍整体风格的视觉表达。现代书籍印刷材料的种类繁多，为书籍形态多样化的发展提供了更为广阔的空间。

（1）纸张

纸张是用植物纤维、矿物纤维、化学纤维等制成的薄片，是书籍印刷最常用的材料。纸张以克为单位使用最为普遍，克是一平方米纸的重量，克数越小，纸张越薄，克数越大，纸张越厚。纸张在重量、厚度、色彩、肌理等属性上具有很大的差异，设计所产生的效果也各具特点。

铜版纸

书籍设计中常用的纸张包括铜版纸、亚粉纸、胶版纸、新闻纸、手工纸、特种纸等，其中，铜版纸与亚粉纸属于涂布纸，因其价格较低，色彩还原度好，适合图片印刷，大量用于出版物市场。胶版纸属于非涂布纸，又可分为双胶纸和单胶纸，双胶纸用途广泛，尤其适用于印刷书籍的内文部分，而单胶纸则比较单薄，多用于办公单据的印制。特种纸作为各种特殊用途纸或艺术纸的统称，近年来发展迅猛，不同的质感和丰富的艺术效果能大大提高书籍的设计附加值。因此，设计师要熟悉不同纸张的材料特性、印刷特性和质感差别，在设计中选择恰当的纸张以适用于设计与印刷需求。

特种纸

此外，纸张的规格有正度和大度之分，正度纸尺寸为 1092mm×787mm；大度纸尺寸为 1194mm×889mm。纸张的规格与书籍的开本是密不可分的，开本是指书籍的封面大小，即书籍的面积和形状。书籍开本设计的好坏，不仅决定了书籍外形的美观程度，也直接影响到书籍的整体造价，纸张的规格选择不当，容易造成纸张的浪费，从而增加印刷成本（纸张常用规格详见附录二）。

书籍的开本

新闻纸 / 手工纸　　卷材纸 / 平张纸

（2）其他材料

现代书籍设计所使用的材料不仅仅是纸张，多样的材料在读者翻阅过程中能传达出更为丰富的感受。很多优秀的书籍设计作品应用了包括木料、塑料、皮革、金属、亚克力、纺织品等其他丰富的材料，使书籍的美学意蕴进一步提升。在对书籍印制材料的选择上，需要注意把握材料的视觉和触觉感受，把握材料的性格与表达内容的统一以及材料的多样化组合，使其在对比统一中呈现艺术美感。

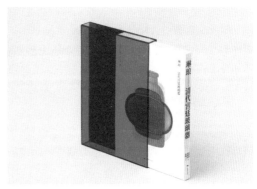

《朱熹千字文》/ 设计：吕敬人　　　　　　　　　　《琳琅：清代宫廷玻璃器》/ 设计：孙晓曦

2.书籍的印刷工艺

书籍的印刷工艺主要分为印刷前工艺、印刷中过程和印刷后工艺，这三个阶段对应前文所提及的印刷作业流程的三个阶段。印刷前工艺一般包括设计和编辑排版，这是最核心的创意设计部分，设计师需提前预想书籍的整体形态与工艺构成，对印刷工艺相关的技术因素包括原稿、印前图文处理技术、拼版、输出原版胶片、印前打样等要有清晰的认知；印刷中过程即是选择合适的印刷方式与材料对设计文件的内容进行印刷呈现的过程；印刷后工艺是对印刷后的初级印刷产品进行再加工的技术及其实施的过程。由于材料工业的快速发展，生产技术的提高，许多新手段、新工艺也应运而生，对于书籍而言，最常用的印后工艺主要有烫印、凹凸压印、UV、覆膜、镂空等。

烫金

（1）烫印

烫印是书籍工艺中最常见的一种印后工艺，可以烫金色、烫银色、烫白金、烫镭射等。其方法是机器把烫金版加温后，通过烫金纸烙在纸张上。烫印的色料一般采用电化铝进行加热印制而成。

凹印

（2）凹凸压印

凹凸压印是一种正反型凹凸版相互挤压印刷品平面而形成浮雕感的印后工艺。这种正反型凹凸版实际上是一副相互套合的模具。因此，激凹凸工艺是印刷技术与雕刻艺术结合的产物，是一种无需油墨而呈现图文效果的印刷方法，特殊的触觉感受能提升书籍整体的艺术效果。

凸印

（3）UV

UV工艺就是用UV油墨覆盖在印刷品表面，产生不同的光亮效果。UV油墨又称紫外线固化油墨，是一种特殊的透明材料，这种材料有光泽、手感光滑，可以大面积或局部运用，拉开纸张与工艺的层次感，在书籍设计作品中广泛应用。

UV

（4）覆膜

覆膜是指透明塑料薄膜经过热压覆贴到印刷品表面，能提高印刷品表面强度，提升耐磨性和耐潮湿性，还能起到防水、防污、防止涂改、增加光泽及保存时间的作用。

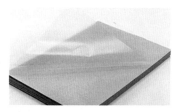

覆膜

（5）模切

模切是指在印刷品的表面按照原先设计好的图形制作成模切刀版后进行挖空处理。模切能穿透性地看到下一页的画面，使印刷品的裁切形状更为丰富。随着时代的发展，通过激光机高温烧穿纸张、木板等材料，即可达到想要的效果，激光可以实现半穿或者全穿的效果。

模切

三、书籍装订与应用

1. 书籍装订的种类

装订是将印好的书页加工成册、上封成型、整理成套的整体作业过程。书籍的装订，包括装和订两大工序。订就是将书页订成本，是对书芯的加工，装是指将加工完成的书芯配上封面或其他包装的加工作业。从加工的复杂程度、成品的精美等角度来说，现代书刊可分平装和精装两大类。

（1）平装

平装也称"简装"，是近现代书籍普遍采用的一种装订形式。它的装订方法比较简易，多运用软卡纸印制封面，加工简单，成本较低，适用于一般篇幅少、印量较大的书籍。书脊厚度在 20mm 以下的书籍一般采用平装，平装书的装订形式目前常见的有骑马订、锁线订、无线胶订、活页订等。

骑马订

骑马订是一种在书帖的折叠线上用铁丝钉跨骑式地将书刊订联成册的铁丝订技术，是目前最普遍的一种书本装订方式，拥有快捷实惠、订合处不占版面空间、书页可以摊平等优点，适用于页数较少的杂志和小册子，是书籍装订中最简单便捷的一种形式，但不能订合页数较多的书，且装订采用跨页对折的方式，总页数必须是 4 的倍数。

锁线订

锁线订又叫索线订、穿线订，是一种用特制的机器将配好的书页按照顺序用线从书的背脊折缝处将各书页互锁连成册，再上胶使书芯牢固，包上封面，裁切成书的线订技术。锁线订一般用于较厚的平装书，外观坚挺，翻阅方便，成本较低。但订书的速度较慢，乳胶会因时间长而老化引起书页散落。

无线胶订

无线胶订，也称"非订缝连接"，一般是把书页配好页码，用黏性较强的胶黏剂于书背部分将配好的书页粘在一起制成书芯，再包上封面的订联方法。无线胶装经过装订机的冲压，将书页较为均匀地粘贴在一起，平整度好，主要适用于标书、文本资料等书籍的装订，是目前使用非常广泛的装订方式。需注意的是装订后书籍不能完全摊平，页面需要修边，所以订口和切口处都不能放置重要的图文信息。

活页订

活页订是在书的订口处打孔，再用夹条或圈环将书页订联在一起，在不改变装订外形的情况下，可随时拆装，更换书页的一种装订形式。其主要包含胶圈装订、卡条装订、抽杆夹装订等几种方式，这种简单的作业方式利于书页的重装和整理，适用于需要经常更换内容的出版物，常用于产品样本、目录、相册等。

（2）精装

精装是现代书籍出版中比较精致的一种装订形式。精装书籍主要是在书的封面和书芯的脊背、书角上进行各种造型加工后制成的。主要应用于需要长期保存的经典著作、精印画册等贵重书籍以及供经常翻阅的工具书籍等。精装书与平装书在结构上的主要区别是硬质的封面或外层加护封、函套等，在材质和装订工艺方面都比平装书更讲究，工艺也相对复杂。按书脊形式来分，精装书可分为圆脊和方脊两种形式。

圆脊精装

圆脊是精装书常见的形式，其脊面呈半圆形，分布在一个弧面上，略带一点垂直的弧线为好，使其厚度得到平衡。圆脊书多以牛皮纸或白板纸做书脊的里衬，一般适用于较厚的书籍，有饱满、典雅的感觉，而薄本书采用圆脊则能增加厚度感。

方脊多用硬纸板做书籍的里衬，由于书芯折叠及锁线的原因，书脊的高度一般要高于书芯，印张越多越明显，因此，方脊的精装书形状挺拔、富现代感，但不宜太厚，一般适用于20mm以内的书脊，超出该范围书口部分容易有隆起的危险。

方脊精装

2.书籍装订的应用

书籍的不同装订方式各具特点，装订方式的选择，都需根据所装书籍的内容、调性、开本、功能、成本等方面进行整体设计的系统考量。明代孙以添在《藏书纪要》中强调："装订书籍，不在华美饰观，而要护帙有道，款式古雅，厚薄得宜，精致端正，方为第一。"这反映出先贤对于书籍装订适度观念的朴素理解。不同类型的书籍应该选择合适的装订方式，如文化类的书籍一般采用锁线订，档案类的书籍多采用活页订等。

随着书籍设计形式的不断更迭，有的设计师开始尝试改变装订过程中的某些程序，让书籍保留了原始的装订痕迹，使之更好地契合主题，毛边书籍、开背装都属于这种形式。因此，对设计师而言，适度而巧妙地运用装订工艺能使设计作品更具独特的表现力，给读者带来更美好的视觉与触觉体验。

《The Bookbinding Essentials》/ 设计：
Lu_Toronto

《说戏》/ 设计：曲闵民、蒋茜

《国家记忆》/ 设计：yimu.design

《许茂和他的女儿们》/ 设计：刘晓翔

课堂练习＋章节思考题

课堂练习

自拟题目，为书籍提出三种不同的创意设计概念。

尝试用手工的方式模拟不同的书籍印刷工艺。

章节思考题

书籍内部由哪些部分组成？其功能和设计要点是什么？

如何把握书籍设计的主要程序与方法？

如何理解书籍的印刷工艺与装订方法的重要性？

Chapter Third

Practice of Book Design

—

第三章

书籍设计课题实践

—

　　书籍设计课程是广州美术学院视觉艺术设计学院视觉传达设计专业的重点课程之一。本课程秉承广州美术学院"把握时代脉搏、关注社会需求,以产学研相结合的艺术设计教育主动为区域经济、文化和社会发展服务"的办学特色,通过不同视角的教学导入,运用实地调研、选题策划、设计提案、展览展示等综合教学手段,引导学生针对老师提出的限定性课题,充分发挥个体能动性以及团队合作精神,运用创新思维进行书籍的主题性及整体性设计,培养学生在把握书籍定位的基础上,以书籍的功能和审美为出发点,用形象思维和创新思维将文本进行视觉叙事转化的综合设计能力,以满足信息化社会对内容制造和视觉传播的更广泛需求。

第一节 广彩文化课题：
传统文化的形态再现

一、课题简介

　　广彩，是广州地区釉上彩瓷艺术的简称，亦称"广东彩"、"广州织金彩瓷"是指广州烧制的织金彩瓷及其采用的低温釉上彩装饰技法，在各种白瓷器皿上彩绘而烧制而成的特色传统工艺品。广彩的生产始于清康熙年间，以"绚彩华丽，金碧辉煌"闻名于世，至今已有 300 多年的历史。广彩作为一门地方传统手工技艺，是岭南文化的重要代表与生动写照，于 2008 年被列入"第二批国家级非物质文化遗产名录"。广彩因它的外销特征而使它兼容了东西文化的内涵，成为中西文化互动和交流的载体，其装饰中丰富的纹样、绚丽的色彩无不折射出巨大的文化艺术魅力。然而，随着社会的发展和现代生活方式的演变，经济全球化、工业化和现代化程度越来越高，社会转型、文化变迁的速度和力度迅速加快，广彩在现代化进程中面临日趋衰落的困境。在现实境遇中，广彩文化与当代视觉设计的融合、创新、再生显得尤为迫切。

　　本次课程以"流金·溢彩"为主题，以"流金"描述广彩金碧辉煌的特征，"溢彩"寓意我们将以视觉传达设计的角度让广彩文化溢出新的光彩。课程组织学生查阅整理广彩相关的文献，并到知名广彩工作室实地走访、现场体验广彩工艺，与广彩大师进行面对面的交流，让学生对广彩文化有更深的认识。学生结合自身的兴趣点，自主分成了 11 个小组，每个小组以不同角度去研究、分析广彩文化，利用调研所得的素材进行书籍内容的整理与编排，并选择适当的概念与创意手法表达广彩文化的不同内容，结合纸张和工艺，用书籍及相关衍生品设计的视觉语言来讲述广彩的故事。

广彩 "Rose" 家族纹章纹盘
（清雍正）广东省博物馆藏

广彩人物纹盘
（清雍正）广东省博物馆藏

1. 课题目标

广彩有中国彩绘艺术的风格，亦吸收欧美艺术精华，是中西文化交流的历史见证，同时传播中国历史文化特有的神秘风采，其绚彩华丽、金碧辉煌的外表下承载着深厚的历史文化底蕴。在如今国内外各种新思潮不断相互冲击艺术设计界的大背景下，这种宝贵的历史民俗文化逐渐被淡化，现代设计对于传统文化背景下的艺术传承与创新刻不容缓。

基于此，本次课题希望带领学生在理解书籍设计基本理论及设计方法的同时，从广彩文化的研究出发，剖析广彩文化和书籍设计情感诉求之间的内在关系，探讨广彩文化"活化"的价值，以期挖掘地域文化艺术中的人文精神，促进非物质文化遗产和传统工艺美术的传承与发展工作，发掘广彩的新语境，提升书籍设计的情感诉求与文化内涵的同时，从而对推动广彩文化的创新发展添砖加瓦。

2. 课程安排

课程名称：书籍设计（出版物设计）
课程类型：专业课
授课老师：陈美欢　助教：陈嘉毅、黄雨凡、戴佳岸
授课对象：视觉传达专业三年级
学时：64 学时

	星期一	星期二	星期三	星期四	星期五	教学重点
第一周	书籍设计基本知识讲授，广彩文化课题阐述	广彩基地实地调研	自行安排文化调研	广彩文化调研陈述，确定主题，课堂辅导	文化研究与分析的方法讲授	选题调研广彩文化分析
第二周	文本内容整理与分析	书籍设计的策划与方法讲授1	自行完成文本整理	广彩选题策划分享，课堂辅导	优秀书籍设计案例解析1	广彩书籍概念策划创意设计
第三周	书籍设计的策划与方法讲授2	广彩书籍设计分享，课堂辅导	自行完善书籍设计	优秀书籍设计案例解析2	广彩书籍深化设计	广彩书籍深化设计
第四周	广彩书籍深化设计与制作分享，课堂辅导	广彩书籍深化设计与制作，课堂辅导	自行进行深化设计与制作	广彩书籍深化设计、制作与调整	整体汇报展示	广彩书籍深化制作

二、调研与文化分析

《春华秋实》周承杰

《龙凤呈祥》翟惠玲

1. 实地调研

课题的前期调研对于学生进行课题的切入非常重要，课程组织学生走访了广东省工艺美术大师示范工作室——逸彩工作室。逸彩工作室由中国工艺美术大师、中国陶瓷艺术大师、广东省民间文化技艺大师、省级非物质文化遗产广彩技艺传承人翟惠玲及广东省陶瓷艺术大师、广州市工艺美术大师周承杰组成主要技术力量，创作的佳作屡获各类大型展评的重要奖项，在业内享誉盛名。翟老师与周老师除了给大家讲授广彩的相关历史、文化与发展等相关理论知识外，还亲自现场教授广彩绘制技法，学生现场根据自身的喜好运用广彩的工具与技法绘制了一系列别具创意、富有当代特色的广彩瓷盘作品，鲜活地体验到广彩文化的艺术魅力。

翟惠玲老师与同学们亲切交谈

周承杰老师亲自示范广彩技法

走访广东省工艺美术大师示范工作室——逸彩工作室

2. 文化分析

经过前期的实地文化调研，结合相关文献的查阅与研究，学生对广彩文化已经有一定的理解，针对书籍的主题内容分别从广彩故事、广彩发展史、广彩色彩、广彩图形、广彩内容、广彩技术、广彩工序、广彩大师、广彩产品与使用、广彩发展新趋势等方面进行资料的收集与文本的梳理，结合进一步的深入调研与记录，形成书籍的内容文本。文本整理的能力是学生比较薄弱的环节，从文化调研的角度切入的文本整理方式不仅能提高学生的文字归纳与策划能力，还为后续进行书籍的定位和风格、形态与设计都奠定了良好的基础。学生通过对广彩文化进行不同角度的分析，研发出设计策略、步骤与表现形式，并以更灵活的书籍视觉方式表达广彩文化相关的形象识别符号应有的理念。

三、实践过程

1. 辅导过程

课程的设计辅导主要通过优秀案例的分析与讲解，让学生从专业设计师的成功设计经验中获取设计灵感，帮助学生快速地从抽象的文本思维转换成书籍视觉的设计思维中来。为了让学生对广彩在当下的新发展有更直接、更深刻的了解，本次课程还邀请到新生代广彩品牌"继续广彩"的创始人何蔚菁、蔡思哲参与到课堂的教学中。两位广彩的新生代文化传播者将自身的创作经历与创业体会融入专业规范与实践教学指导中去，能在更高的程度上把广彩市场的最前沿信息导入课堂，增强课程成果的研究性和可行性。

授课场景

邀请"继续广彩"设计工作室的创始人何蔚菁和蔡思哲分享广彩创作心得

学生在设计的过程中对书籍内容与形式的契合度以及书籍工艺的新颖度都有较高的要求。书籍的整体形态的呈现很大程度上取决于书籍的内容是否能与设计形式相吻合，找到这种相吻合的途径即是找到书籍设计的核心创意点，这在整个设计过程中是至关重要的。而书籍的工艺也对书籍的最终呈现效果产生很大的影响，为了让书籍能够更好地表现广彩文化的各个不同的主题，学生通过不同的手工形式大胆探索书籍工艺的各种可能性，手工烫金、手工压印、喷漆、模切、缝线等工艺让广彩文化在纸张中的呈现更具可塑性，很多意想不到的视觉肌理效果就是在不断地尝试与实验中产生的。

制作实践过程

2. 主题优秀案例分析

《怀袖雅物》/ 设计：吕敬人

《怀袖雅物》是一套详细记载苏扇的书，全面展现了明清以降苏州折扇在材质、造型、雕刻技艺、扇面艺术上的全貌，是苏扇艺术的集大成研究巨作，由我国著名书籍设计家吕敬人老师历时 5 年设计完成。整套书籍共 5 本，每本根据专业性、学术性、知识性、欣赏性、收藏性的框架定位，分门别类精准地展现图文内容。从 2005 年确定书籍主题开始，吕老师便开始学习专业知识，结合编辑设计的新思路，提出了全书信息视觉传达的设计理念，将扇子的历史传承、艺术审美和工艺过程全部记录在书中。在制扇表述上，按照采竹、选竹、制骨、刻骨、做面顺序全面视觉化解读工艺，使读者能了解制扇流程。书脊设计别出心裁，将一把制作精巧的折扇嵌于其中，所选颜色、花色均与书中的古扇相呼，让读者在愉悦的阅读体验之余还能赏玩书中艺术品，别具匠心。该书获得了 2010 年中国最美的书、第 62 届美国国际印艺大赛新颖书籍设计金奖、第 22 届香港印艺大赛全场大奖等多项殊荣。

《怀袖雅物》/ 设计：吕敬人

《观照——栖居的哲学》/ 设计：潘焰荣

《观照——栖居的哲学》由来自南京的书籍设计师潘焰荣设计，获得 2020 年"世界最美的书"铜奖。该书是洪卫老师在中国明式家具基础之上所作的思考和变革，他极尽克制，注重手造传统智慧与当代美学的衔接，通过设计极具个人风格的明式家具，来探讨中国家具的栖居哲学。所以对于本书的设计，设计师遵循着明式家具的特征：格物而致知。

《观照》取木质的深咖色作为主色，封面巨大的丝网印、哑光金的书名如同琉璃刻印，笔锋、笔触既有浑厚自然之感，又如行云流水。在内页的编排上，设计师将"观照"的含义融会贯通在书中，使人徜徉在老家具建构的世界中，感受旧和新的观照、传统与现代的观照。此外，设计师根据家具的变化用不同的纸张建构立体的节奏，形成书和家具的观照、人与自然之物的观照。《观照》的整体设计极其简约而又内含中国式意蕴，厚重的力量在数百页薄纸中晕散开来，我们通过一本书看见传统文化的魅力，通过一件件家具重新唤醒东方的生活美学，总有人能在"观照"的系统里，实现生活的诗化，观望世界，照见人生。

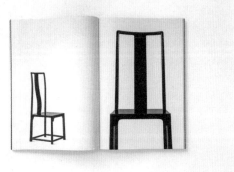

《观照——栖居的哲学》/ 设计：潘焰荣

《姑苏繁华录》/ 设计：刘晓翔

《姑苏繁花录》是由著名书籍设计师刘晓翔设计，获评为 2017 年度中国最美的书。该书收录了国内外学者对桃花坞木版年画的学术探讨及 200 余幅经典画作。其中 13 张现藏于日本、法国的经典姑苏版是第一次在国内集体亮相，呈现给读者更加直观的桃花坞木版年画发展脉络及精彩之处。

该书在设计上突破传统，没有专注于表现桃花坞木版年画的泥土味，而是用了当代设计语言把中国古典文化传递出去。因此，在字体选择与中西文配比上，为制造视觉冲突混合了衬线体和无衬线体。筒子页以 M 形折制，夹在中间的中英文字可帮助读者更好地欣赏画作。所有彩图的邻页都作留白处理，使主体更为突出。纸质薄软细腻，能方便地摊开，增加了阅读欣赏的舒适度。在排版上，整本书追求的是通过文字、图片排列，为静止的版面带来动感，形成格律之美，重新诠释了桃花坞木版年画这个主题，为中国传统文化的弘扬与传播贡献了力量。

《乐舞敦煌》/ 设计：曲闽民、蒋茜

　　《乐舞敦煌》是由著名书籍设计师曲闵民、蒋茜设计，获评为 2014 年度中国最美的书、靳埭强设计奖、全球华人设计大赛金奖以及红点奖等多项大奖。这是一本敦煌壁画中舞蹈声乐部分的临摹本，为了尽可能地还原出敦煌艺术的历史感和沧桑感，整本书大部分都是手工完成。

　　封面大量采用了特别定制的毛边纸，以手撕拼贴的方法将宣纸元素拓在牛皮纸上装裱。在内页的设计上，所有的画稿都设计了不同的残卷效果，再现了敦煌壁画全貌的同时，还夹装了极具质感的纸张，整体呈现一种残破的感觉，契合敦煌壁画的现状，最大限度地再现了具有真实感官的质感，呈现出有年代感的凄美。同时设计师还有一个匠心独运的小创意，这也体现了设计者自身情感的投射：书的侧面设计了一个铅条，体现了敦煌壁画的神秘感，一旦打开就不能复原了，希望读者能用心感受第一次打开这本书的过程，引导读者进一步去发掘它的未知领域。

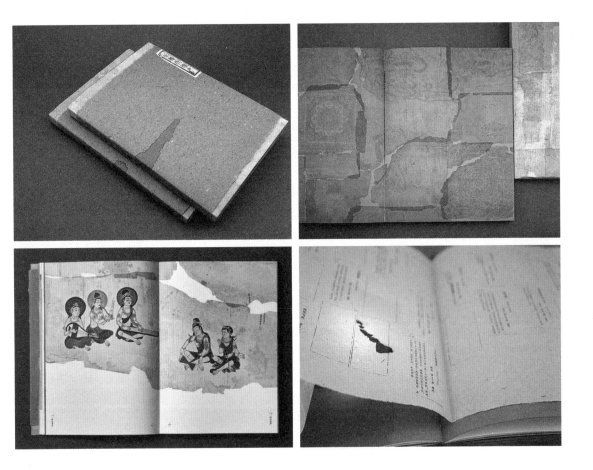

《乐舞敦煌》/ 设计：曲闵民、蒋茜

《江苏老行当百业写真》/ 设计：周晨

《江苏老行当百业写真》的设计师周晨同时也是本书的选题策划者，书稿由长期关注老行当的摄影家和作家合作完成，荣获 2019 "世界最美的书"荣誉奖。"老行当"是对社会上正在消失的各行各业的总称，它们虽渐行渐远，却承载着民间的独特智慧和一代人共同的回忆。为了体现出江苏老行当这一特殊文化现象的历史感与厚重感，全书使用最多的纸张是一款过去从来不曾被应用于书籍主体部分印刷的包装纸，这种纸的原材料均为粗料，手感粗糙，还带有驳杂色点。受古籍毛装本的启示，设计师放弃了机械化的装订方式，选择了最传统的装订工具——纸钉，并采用了业内罕见的四面毛边，使怀旧气息扑面而来。页码的设置也颇具特色，采用的是中国古代一种广为使用的数字系统——苏州码子。整本书从纸张、装订、印刷、工艺等方面都从内容的本体出发，做出了大胆的尝试，独具匠心，以新还原旧，让旧复苏其新的生命力。

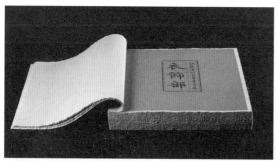

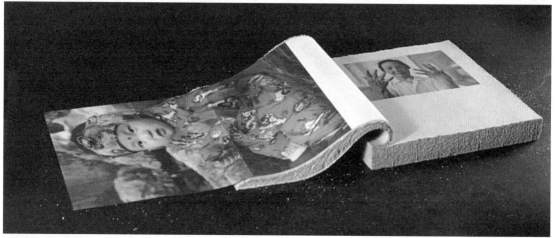

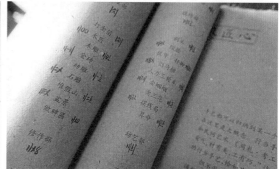

《江苏老行当百业写真》/ 设计：周晨

《世界之都投标书》/ 设计：陈俊良

　　2016 年，台湾著名设计师陈俊良以一套惊艳世界的龙鳞装标书助力中国台北夺下第 6 座"世界设计之都"称号。全套标书承袭中国传统的装帧形式：龙鳞装，融合现代设计的手法，以层层堆叠方式粘贴，卷轴展开后形成一幅幅极具台湾人文、地域特色的画卷，每页翻开即是丰富的图文信息，蕴含着古代书法、现代插画、设计图等不同元素，全面地展示了中国台北的文化根基及设计实力。在包装上，则以中国台湾盛产的孟宗竹，与花莲特有的墨玉，请工艺师打造出精致的柜盒包装。龙鳞装全书，从内部意涵到外观意象，整体宛若一套可收藏的艺术品。

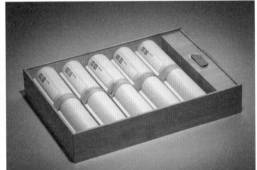

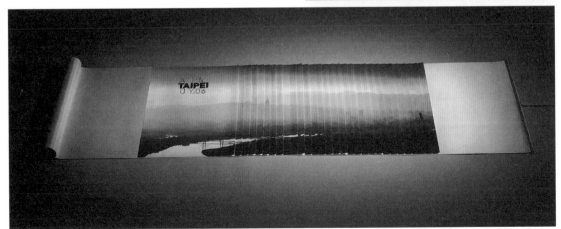

《世界之都投标书》/ 设计：陈俊良

四、实践成果

1. 作业解析

有诗言,"彩笔为针,丹青作线,纵横交织针针见,何须锦缎绣春图,春花飞上银瓷面",描述了广彩特色的绚丽图案。本书名为《釉上行云》,设计灵感源于广彩的绘制者仅凭一双手、一支笔,便让图案跃然瓷上,下笔如同行云流水般,自信、细腻而精美。手艺人一手转碟,一手执笔,堆金积玉,令人叹服。本书也从广彩的图形、纹样出发,内文设计结合"行云"的意象,将广彩纹样与悠然白洁的云联想到一起,装帧设计利用撕纸的手法模拟了云的形态,营造层层叠叠的云群之感,向读者展示广彩这美丽的釉上彩瓷风貌,让人仿佛置身于行云流水的丹青画语中,穿梭在走笔织金的高贵辉煌中,感受这有着百年历史的艺术魅力。

《釉上行云》/ 学生:张宁

　　《瓦次史卷》是记述广州织金彩瓷发展历史和大事记的书籍。书籍的特点在于采用定制的白瓷片以卷轴的形式来呼应广彩"瓷"的材质，封面将历史不同时期的发展概况设计在瓷片上，直观而清晰地传达主题信息。装帧形式采用了古朴的旋风装，随着瓷片卷轴缓缓地展开，恰似开启了一幅织金彩瓷历史发展的文化画卷，展开后页边还附带广彩的大事记信息，带领读者清晰地了解广彩的发展脉络。书籍无论在材质的选择还是在装帧的形式上，都作了较为全面的考量，将广彩历史、大事记的主题以恰当的视觉形式呈现出来，让读者在舒适的翻阅过程中细细地品味广彩文化历史变化的轨迹。

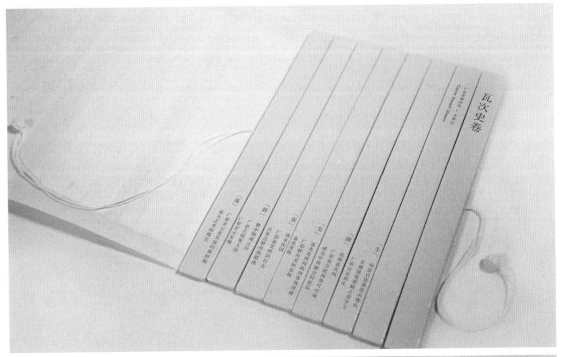

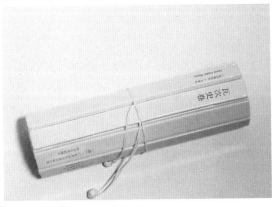

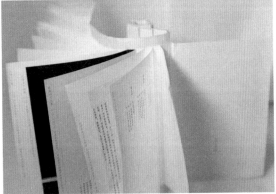

《瓦次史卷》/ 学生：谢丽丹

广州织金彩瓷,以其色彩浓艳、金碧辉煌为特色,犹如"万缕金丝织白玉",该生通过《金丝白玉·织》广州彩瓷工序一书,让读者清晰地了解"织金彩瓷"广彩一层一层的制作工序。书中紧扣广彩"金丝""白玉""织"的三个特点,突出广彩金碧辉煌的华美特征。设计灵感以广彩的繁杂工序为切入点,书盒的三层亚克力薄片上以激光雕刻的形式烙上广彩的代表性图案,暗喻广彩的一层一层工序,内页采用具磨砂光面的硫酸纸结合透明胶片为材质,与书盒亚克力的透明质感相呼应,宛如白玉,以透叠金,构筑成一本能够解密层层广彩工序的实验性书籍,探索现代设计语言表现传统工艺的可能性。

《金丝白玉·织》/ 学生:杨俊斌

《琢》是以广彩的制作工序为核心内容进行创意思考的。全书共有四本，每本分别为一个章节，用阶梯式的装帧方式串联，直观而巧妙地呈现出广彩从绘制到烧制逐渐丰满的过程。广彩烧制技艺主要包括彩绘颜料的制作、彩绘工具的运用、装饰、封金"斗彩"和烧制技艺。其整个生产过程主要包括：选瓷→设计→描线→填色→织金→封金斗彩→烧制。

每一章的封面就是每一个步骤下广彩的形态，连接拼合成一个完整的广彩盘子。在装订方式上，该生在传统手工线装的基础上作了细微的调整，使得线装的书脊也能传达内容信息，将书向左边拉开，是每一章节的简介和相关引导内容，向右翻开，则是每一章节的具体内容。

《琢》/ 学生：吴佳桐

广州织金彩瓷是广州文化的瑰宝，其纹样装饰也式多奇巧，层出不穷。本书书名为《花招》，主要介绍了广彩三种典型的装饰纹样。该生对广州织金彩瓷的纹样进行归纳总结，提炼出三个类别并用"招数"对其命名，第一招"一斗成方"介绍的是斗方图案，第二招"锦连地结"对锦地图案进行整合，第三招"雕边镂饰"是对边饰图案的梳理。三招分别以其各自代表的特色图案联结组成三朵形态各异的花，并在装帧形式上对三招进行设计的呼应，用三手书页联结成封面，结合包背装的形式将图文并茂的内页包裹，形成一本讲述广彩装饰纹样的书籍。

《花招》/ 学生：梁欣彤

　　该生作为一名土生土长的广东人，起初对广彩的了解并不多，对广彩的印象还停留在家里逢年过农历新年从杂物间搬出来装桃花，外观色彩红红绿绿的"农家乐"花樽的那种类型——审美单一，用色鲜艳。但经过课程的调研和学习之后，尤其拜访过两位广彩大师（谭广辉、翟惠玲）之后，使得她对广彩"另眼相看"。尤其对广彩绚丽多彩的花卉更是印象深刻。

　　花卉在广彩瓷器绘制中出现的频率十分高，其中以牡丹、菊花出现次数最甚。该生将花卉作为书籍主题的切入点，选择了广彩颜料中的"西红"为书本的主色调，以广彩典型的花卉图案作为贯穿书籍的主要视觉元素，通过立体折叠的形式将牡丹、菊花等花卉叠进书中，读者在翻阅的过程中，"开"出一朵朵广彩之花，增强了阅读的体验感和趣味性。

《沾花惹彩》/ 学生：尹晓琳

《裹 - 拾》，定义为主题创作集，内容主要是呈现广彩中的图形，以及其背后的寓意和故事。书名的"裹"字体现了书册可以展开和堆叠的包裹形式，以外在古朴素雅的"衣"，和内在丰富精彩的"果"，通过两者之间视觉和材质的对比，期望能给予读者翻开"包裹"的期待感和惊喜感。"拾"字讲述的是读者与书籍的互动关系，让人去拾起这份包裹，也让人去拾起书中的礼物和广彩的提取元素，同时也在呼吁大众重新关注广彩这项中国宝贵的传统民间工艺瑰宝。拾即十，目录同样是十项，寓有十全十美之意，希望这本包裹了广彩300多年的文化果实能被人拾起珍藏。

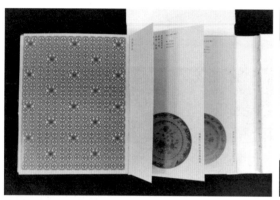
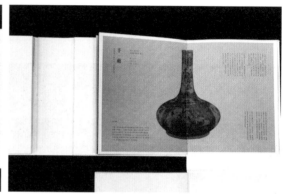

《裹 - 拾》/ 学生：梁子遥、胡晋维

广彩三百余年辉煌在当今时代潮流的迅猛发展中逐渐落寞，作为当代的青年学子，应该以何种态度去面对这种正在式微的非物质文化遗产，是本次课题实践过程最值得思考的问题。该生从毛泽东同志《新民主主义论》的提法"不破不立，不塞不流，不止不行，它们之间的斗争是生死斗争"中获得灵感，以"不破不立"的决心鼓励年轻一代应该大胆打破老旧的规矩，敢于创新，敢于树立新的规则，才能从全新的角度去重新审视广彩文化。在视觉表现上，作者直接用了打破陶瓷盒子的方式，宣告广彩文化全新的打开方式。

《不破不立》/ 学生：付靖童

广彩作为广东地区具有代表性的传统手工艺文化，具有深厚的历史底蕴，其工艺更是值得一探究竟。广彩的制作工艺井然有序，学习广彩也是一个漫长的修行，因此，该生联想到武林人士同样需要一招一式地练习，以此为出发点，提出了《织金秘笈》的想法。化每一道工序为功法，以制作顺序为线索，将二者合为一，呈现制作广彩的整个过程和其中工艺的精妙绝伦。同时，"金"是广彩最引人注目的特点，也作为本书的设计亮点，将金的元素贯穿在书中。另外通过包背夹页，将隐晦的古文藏在夹页中，以此表达秘笈的神秘感。

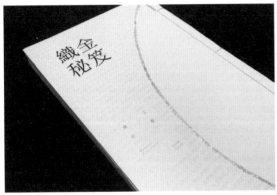

《织金秘笈》/ 学生：庄佳鹏

本书的灵感来源于广彩的代表诗歌（彩笔为针，丹青为线，纵横交织针针见，何须锦绣修春图，春花飞上银瓷面）。从"织金"中获得联想，在表达广彩瓷的珍贵华丽的同时结合艺术家的传承经历起伏作为线索，每个起伏代表传承经历的盛衰，形式进一步强化传承的坚守与曲折，三代广彩艺术家的内容通过文件袋形式装载，希望体现对传承的一种信仰与尊敬，促进观者对广彩传承故事的更多关注和了解。

《织金白玉传》/ 学生：陈水清

本书记录广彩发展的 300 年历史，分五个历史阶段，分别介绍每个阶段的发展特征和代表作品。以曲折的装帧形式象征广彩的每个历史分期发展的曲折，每个章节独立成册，开口处刷上金色的时间，书籍的概念和广彩发展的时间线呼之欲出，流动的金子则呼应了广州彩瓷的积金的艺术特点。书的开本只有 100mm×100mm，握在手上，即现历史的沉淀感，全书展开，是一副连续的画面，黑色、金色的插画语言，描绘的是广彩不同时期的历史沉浮。寓意当代设计师把握历史脉搏、复兴广彩文化的决心。

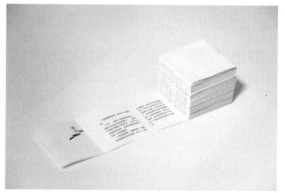

《流金》/ 学生：林嘉欣

2. 展览成果

课程作品展览和评价在设计学专业学习中具有举足轻重的作用，设计作品的完成并不是课程学习的结束，而是学习的另一种开始。举办课程作品展览不仅是对课题成果的展示，更多的是帮助学生梳理整个课程从文化思考——创意策划——设计实践——制作生成——展览展示的全过程。课程展览在课题成果信息传递的过程中，通过科学合理地安排好展览的信息层次，与观众形成良好的互动。这种开放的展示形式，让学生对课程进行总结的同时，对教学质量的检验、教学评价体系的优化都具有一定的促进作用。

本次课程展览："鎏金·溢彩——广彩文化出版物设计课题成果展"于 2018 年 11 月于广州美术学院顺利举行，以广彩文化书籍作品及相关衍生品为中心，以广彩文化的视觉创新推广为导向，以课题教学实践为手段，构建出广彩文化与公众的交流平台，实现展览的重要目标即从视觉设计的角度推动广彩文化的创新发展。

展览海报

"鎏金·溢彩——广彩文化出版物设计课题成果展"展览现场

本课题成果还参与了 2019 年 10 月于广州图书馆举行的"粤享粤美——岭南文化创意与生活艺术展",该展览首次尝试将书籍设计、文化创意策划与设计、新媒体艺术设计等课程进行联合展示。展览成功地将广州美术学院视觉艺术设计学院优秀的设计与研究成果向大众展示,借助广州图书馆的大流量,参展学生有机会听到除了本专业领域之外不同专业背景、不同社会文化背景的人更广泛的意见,这种交流所带来的思想碰撞能帮助学生建立多元的、立体的专业知识系统,成为学生们提升创造性思维的又一源泉。

"粤享粤美——岭南文化创意与生活艺术作品展"展览现场与海报

五、课题总结

1. 课题小结

　　本课题从广彩文化出发，每位学生都必须对广彩文化进行较为详尽的分析，以便更充分地研究其主题。由于学生们对这一国家级非物质文化遗产并不熟悉，在短短四周需要完成从了解到熟悉，再提炼出设计元素，进而呈现与众不同的设计转化，是极富挑战性的。学生在挑战自我探索并觅得新的表达方式，利用这些独特的方式来观察、解读并最终表达出作品的主题及意义。可见，本课题的设置既能传授有效书籍设计技巧又能鼓励创新思维，使学生认识到，书籍设计是一门信息传达的立体平衡艺术，需要在新与旧、守与进之间达成平衡。

2. 学生感言

梁欣彤

Q1-1：之前对广彩有了解吗？前期文化调研及资料整理的过程是如何的？

梁欣彤：以前我只在博物馆见过广彩瓷器，所以对广彩文化的理解实际上是在本次的书籍设计课程逐渐深入体察的。从研究资料的搜集到走进广彩工作坊亲身体验广彩的绘制，再有广彩大师的答疑解惑，通过前期调研的所见所闻所学汇集成书的灵感。

Q1-2：广彩文化涉及的学问有很多，如何找到你自己的切入点？

梁欣彤：广彩纹饰繁复多样且各具不同寓意，我通过广彩的纹饰作为切入点，对广彩常用纹饰进行了收集和归类，探究其表现手法和应用技巧，以更通俗易懂的方式把广彩的学问展示给读者。

Q1-3：如何理解书籍的"内容"与"形式"之间的关系？在"短时间"内以书籍设计的形式向观众展示广彩文化，难点在哪里？

梁欣彤：书籍的设计形式基于文本内容出发，在将广彩纹饰内容整理归类成三大部分后，如何能让读者快速理解书籍传达的信息是我首先要解决的问题，因此在书籍装帧上设计为三手也是为了能让读者快速理解我的纹饰分类逻辑，辅助其更好地阅读内容。

Q1-4：课题的成书不同于市场上的书，通过专业印刷制作去实现丰富的工艺，请分享一下你的成书制作过程中的手工心得。

梁欣彤：在制作过程中我付出比较大精力的是对书籍结构的设计和改良，为了让文本信息和结构更匹配，也制作了好几本书籍小样才最终确定了方法。

Q1-5：面对传播媒介丰富而发达的当下，你认为实体书籍的存在意义在哪里？

梁欣彤：以屏幕作为传播媒介的大多数文本对我来说还是趋向功利化的，看多了还眼疲劳，我对其只能称之为"浏览"，而非"阅读"。而实体书籍具有别样温度，其纸张、编排都在向读者传达作者流露的情感，这是实体书籍区别于屏幕的意义。

Q1-6：你在该课程中的最大收获是什么？

梁欣彤：课程最大的收获应该是对广东本土文化有更深的理解吧，作为设计学科的学生，如何利用设计的力量为本土文化发声也是我今后会持续思考的问题。

B.

张宁

Q1-1：之前对广彩有了解吗？前期文化调研及资料整理的过程是如何的？

张宁：作为外省人之前对广彩了解不是很多，此次课程初次接触广彩，我们去了两位大师的广彩工作坊参观调研，阅读了大量关于广彩的书籍资料，并且亲自体验了广彩的绘制。

Q1-2：广彩文化涉及的学问有很多，如何找到你自己的切入点？

张宁：我的书籍以广彩的图案研究为切入点，是最开始主题分配时抽签决定的。当然，这只是一个大的主题方向，之后我通过阅读相关书籍，了解了广彩图案纹样的大分类，再加上对广彩作品的整理收集和研究，沉淀出自己的书籍表达。

Q1-3：如何理解书籍的"内容"与"形式"之间的关系？在"短时间"内以书籍设计的形式向观众展示广彩文化，难点在哪里？

张宁：书籍的内容与形式密不可分，形式给内容锦上添花。广彩的文化博大精深，作为书籍作者／设计师，在短时间内学习、研究且整理都是难事儿，再把自己研究的内容沉淀出来，表达给观众，自然不容易。其中最难的难点就是——如何让广彩更"亲民"，让这本书籍不像个工具书。这其实就是考验设计师如何把"高贵"的非遗文化，用图形设计语言让观众产生共鸣和兴趣。

Q1-4：课题的成书不同于市场上的书，通过专业印刷制作去实现丰富的工艺，请分享一下你的成书制作过程中的手工心得？

张宁：设计这本书让我比较系统地接触和了解到如何设计书籍以及如何手工缝书。之前一直觉得自己手工不太好，在设计这本书时采用了科普特缝法，也锻炼到了自己的手工能力。同时本书还有很多手工部分，例如表达行云意向的撕出来的封面和每一页边缘的撕纸，都是自己不断尝试、组合得到的成果。

Q1-5：面对传播媒介丰富而发达的当下，你认为实体书籍的存在意义在哪里？

张宁：实体书籍它不仅仅只是一个内容的传播，它还包括设计匠心的传承。电子媒介、快餐文学发展迅速，久而久之会让人浮躁，实体书籍就像一个精心布置的安静的角落，既能给人阅读的实感，也能营造沉浸阅读的体验。

Q1-6：你在该课程中的最大收获是什么？

张宁：在这个课程里最主要的还是系统地实践了一本书籍的设计，它包括书籍传播的内容、书籍整体的设计和产出。这不仅仅锻炼了我信息收集和整理的能力，也锻炼了我书籍设计制作的能力，让我对印刷也有了更多的了解。

C.

吴佳桐

Q1-1：之前对广彩有了解吗？前期文化调研及资料整理的过程是如何的？

吴佳桐：之前没有了解过，刚好因为这次课程才有幸造访了几位广彩传承人，去到他们的工作室参观了广彩的制作过程，甚至亲自试着绘制了自己的广彩盘子。听到我们课题想做关于广彩的书籍，他们都很积极地提供了资料给我们，我们根据自己的切入点提出自己需要的资料，再整理归纳。

Q1-2：广彩文化涉及的学问有很多，如何找到你自己的切入点？

吴佳桐：当时其实是有好几个切入点的，因为对制作流程比较感兴趣，觉得广彩从白瓷胎到烧制成一个有丰富图案的成品本身就是一件挺让人惊叹的事情，并且制作工序是一件非常理性和谨慎的事情，我觉得去宣扬这样一种对作品严谨、有要求的价值观还是挺有意义的一件事情。

Q1-3：如何理解书籍的"内容"与"形式"之间的关系？在"短时间"内以书籍设计的形式向观众展示广彩文化，难点在哪里？

吴佳桐：形式服务内容，因为做的是广彩的制作工序，分了几个步骤，就需要思考用什么样的装帧方式去体现这种条理性。当时想形式的时候其实还挺顺利的，反而是在开本和装订方式上遇到一点点困难，因为印刷尺寸受限，导致设想的方式很多时候不能如愿以偿，也是经过了几次试验才最终敲定了方式。

Q1-4：课题的成书不同于市场上的书，通过专业印刷制作去实现丰富的工艺，请分享一下你的成书制作过程中的手工心得。

吴佳桐：一开始是先定了这本书应该是一个怎样的调性，在这个调性上有哪几种装订方式和呈现方式是能吻合的，再从中挑选出最佳的方案，做白样的尝试，也经历了几次失败吧，不断调整才最后确定了现在的样子，多尝试才能最实际地看到成书的样子，空想很多时候不能预知到会出现什么问题，直接动手做成品就会出现很多的麻烦。

Q1-5：面对传播媒介丰富而发达的当下，你认为实体书籍的存在意义在哪里？

吴佳桐：现在由于电子媒介的兴盛，快节奏的生活也让很多人惰于去买、去看实体书，觉得既然都是文字，在哪看不都一样。但是屏幕里的文字和印刷在纸上的文字不同，实体书可以直接触摸到文字印刷在不同的纸上的不同的质感，那是有温度的文字。而且很多实体书籍会有很新颖的跟内容有呼应的装帧方式，就像一个小小的建筑，里面是有世界的，是立体的、可探索的。这是电子图书做不到的。

Q1-6：你在该课程中的最大收获是什么？

吴佳桐：我想也许是改变了思考问题的方式吧，以前想问题比较孤立，不会考虑它应用在哪，只是做好看了就好。现在想问题更多地会去考虑应用时的状态是什么样的，怎样做才能让形式和内容互相配合。

D.
谢丽丹

Q1-1：之前对广彩有了解吗？前期文化调研及资料整理的过程是如何的？

谢丽丹：之前对广彩没有了解过，这是第一次认识广彩；前期的文化调研是以小组的形式进行的，我们小组的选题是关于广彩历史发展的梳理，所以我们小组成员分工从论文资料、已出版的广彩书籍、广彩传承人等多方面收集了资料，再划分成六个发展时期，并从整个历史发展脉络中梳理出了大事件。

Q1-2：广彩文化涉及的学问有很多，如何找到你自己的切入点？

谢丽丹：广彩文化涉及色彩、纹样、历史等方面，我们小组根据前期的广彩绘制体验和参观广彩瓷器，对不同时期的广彩瓷器产生了浓厚的兴趣，并决定以历史发展作为本书文本构成的主要内容。

Q1-3：如何理解书籍的"内容"与"形式"之间的关系？在"短时间"内以书籍设计的形式向观众展示广彩文化，难点在哪里？

谢丽丹：书籍的形式是服务于书籍内容的，内容和形式是相辅相成的。短时间内，以书籍的形式去展示广彩文化，难点在于我们对第一次认识的广彩的了解还比较仓促，整体的内容构成可能不够严谨；在设计上，开本和装帧形式的探索也比较有限。

Q1-4：课题的成书不同于市场上的书，通过专业印刷制作去实现丰富的工艺，请分享一下你的成书制作过程中的手工心得。

谢丽丹：在成书制作的过程中，手工方面遇到最大的问题是瓷片定制和贴瓷，瓷片定制受到了物理性因素的影响，瓷的颜色、长度、曲直度都无法预估，把瓷片和绢布粘合的过程也要考虑到瓷的重量、绢布的承受力，这是本次书籍设计中手工遇到比较大的问题，但手工实验过程的探索是一次很宝贵的经历。

Q1-5：面对传播媒介丰富而发达的当下，你认为实体书籍的存在意义在哪里？

谢丽丹：实体书籍的印刷工艺、纸张触感、整体性是电子书籍无法比拟的，阅读的过程也是一次体验纸张触感和欣赏工艺效果的过程。

Q1-6：你在该课程中的最大收获是什么？

谢丽丹：基于一个非遗工艺，用现代设计的方式尝试使之重现出符合现代人审美的效果，这是一次有难度的尝试，尽管时间非常紧张，对于工艺的了解和认识都不是很深入，但却是设计课程上的一种探索，引起了大家对非遗文化和设计之间关系的思考。

第二节 刚古大赛课题：概念与创意的立体整合

一、课题简介

"Conqueror Design Contest 刚古设计大赛"历史悠久，自 1980 年首次于中国香港地区举办，超过 40 载，一直风靡业内设计师及学生，历届很多的获奖者都成为现今著名的设计师。中国内地自 1999 年起加入成为赛区，由 2013 年起，比赛更拓展至中国澳门地区，以及日本、马来西亚、新加坡、泰国等赛区，各赛区的金、银、铜作品更会争夺 3 名区域大奖，成为一个跨地域、备受推崇的学界设计大赛。

本课题以"2017-2018 刚古设计大赛"的主题"展现自我，让世界惊呼'WOW- 快乐设计'"为主题，引导学生们结合自身的兴趣点，通过前期的文化分析与综合分析，做出概念与创意立体呈现的书籍设计作品，在完成书籍设计之余，鼓励学生抽取书籍中的主题相关设计元素，按照大赛的要求进行重构设计，形成书籍作品的衍生品，积极参赛，完成了课题与大赛较为完整地结合。

"2017-2018 刚古设计大赛"视觉形象设计 / 设计：罗晓腾

1. 课题目标

将设计大赛以课题的形式植入课程，期望能让教学的设定更具时代性，有效地丰富教学内容，即在扩展书籍设计相关知识的基础上，结合刚古大赛的要求强调纸张使用与创意结合的可能性。同时鼓励学生发挥创造性，提高学生在课程中的积极性与参与感，并帮助学生获得大赛经验，丰富他们的专业视野和阅历，在重视基本适用性原则的基础上另辟蹊径，研发出适合的策略、步骤与表现形式，并以更灵活的方式增强作品的完整度。

2. 课程安排

课程名称：书籍设计（出版物设计）
课程类型：专业课
授课老师：陈美欢　助教：陈嘉毅
授课对象：视觉传达专业三年级
学时：64 学时

	星期一	星期二	星期三	星期四	星期五	教学重点
第一周	书籍设计基本知识讲授，刚古大赛课题阐述	实地考察学习	文化调研及资料收集	主题调研陈述，确定主题，课堂辅导	文化研究与分析的方法讲授	选题调研及主题文化分析
第二周	文本整理与汇报	书籍策划与设计方法讲授	自行完成文本整理	选题策划汇报，课堂辅导	优秀书籍设计案例解析 1	主题书籍概念策划创意设计
第三周	创意设计	主题书籍设计汇报，课堂辅导	自行完善书籍设计	优秀书籍设计案例解析 2	主题书籍深化设计与制作汇报，课堂辅导	创意设计
第四周	主题书籍深化及衍生设计汇报	主题书籍深化及衍生设计与制作，课堂辅导	自行进行深化设计与制作	主题书籍深化设计、制作与调整	课题整体汇报展示	主题书籍深化制作与展示

二、前期调研与文化分析

1. 前期调研

结合本次大赛的主题，课程的成果导向比较重视作品对纸张的选择与工艺的巧妙使用。课程的前期组织学生到深圳雅昌艺术中心，参观全球最大的艺术书墙（长 50m、宽 30m，由含盖 10 个语种、国内外 2000 家出版社、50000 种艺术图书、共计 12 万册、收集自全球精美的艺术图书组成）及康戴里"纸艺体验中心"，学生们沉浸在书的海洋中，全方位地领略书籍印刷与工艺、创意与设计的艺术魅力，为课程注入活力。

雅昌艺术中心

参观康戴里"纸艺体验中心"

2. 文化分析

学生围绕"WOW- 快乐设计"主题，结合自身的兴趣选出相关的领域如历史、地理、艺术和社会等进行文化分析，从分析中获取设计选题，在认清选题内容和目标类型的基础上，通过对文献材料、网络资料及调查问卷的收集与归纳，整理出较为系统的文本材料，形成完整的章节内容，运用独特的设计方法和表现语汇，对文本材料进行视觉转译，考虑文化与表达、内容与形式、视觉层级的匹配等一系列书籍设计问题，并将之视为一个整体加以探索及拓展。

三、实践过程

1. 辅导过程

进入课程的设计实践阶段，在辅导过程中除了结合优秀的设计案例讲授书籍策划与设计方法外，还邀请到康戴里高级纸张顾问谭玉娟女士到课堂参与教学，详细介绍纸张的历史与工艺，以及最新的印刷技巧，并帮助学生更全面地了解大赛主题的整体策划思路，鼓励学生采用多种多样的方法和媒介来记录，结合纸张的特性，生成新的设计表达。上课以外，要求学生统一到课室完成作业，从设计到印刷、打样、工艺制作，在同一空间里，学生相互学习，相互促进，形成很好的学习氛围，也提高了老师集中辅导与点评的效率。

康戴里高级纸张顾问谭玉娟女士到课堂交流

作业场景及现场点评

2. 主题优秀案例分析

《2017–2018 MAKE IT WOOOOOOW CONQUEROR DESIGN CONTEST》/ 设计：罗晓腾

《2017-2018 MAKE IT WOOOOOOW CONQUEROR DESIGN CONTEST》是"2017-2018 刚古设计大赛"获奖作品的宣传画册，由香港 BLOW 设计工作室创始人兼设计总监罗晓腾设计完成。整本画册基于本次设计大赛的主体视觉形象延伸出极具活力、充满幽默感的设计呈现。灵动而颇具识别度的"眼睛"作为视觉符号穿插在跳跃的橙色为主调的页面中，结合刚古纸张的不同质感与特性，在充分地展示了优秀获奖作品的同时，很好地呼应了"展现自我，让世界惊呼'WOW- 快乐设计'"的大赛主题。

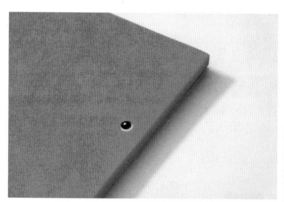

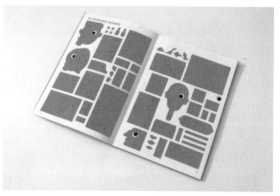

《2017-2018 MAKE IT WOOOOOOW CONQUEROR DESIGN CONTEST》/ 设计：罗晓腾

《Design 360° 观念与设计》

　　《Design 360°观念与设计》是亚洲著名专业综合设计杂志，以介绍国际先进的设计理念、独特创意，以及杰出设计师、设计院校及设计信息为基准，凭借国际视角，辑录世界各地最新设计信息、传播最新设计理论，展示主流设计风潮，同时促进全球设计师与各设计机构走向的互动与交流，建立中西互动交流平台，探索设计的价值可能。《Design 360°》杂志在设计上一直求新求变，从最开始的斜本设计，到双面设计，再到2015年独特的三册结构设计，每一次改版都引领设计杂志风尚，曾获2009-2011年亚洲最具影响设计大奖优秀设计奖、2015及2017金点奖视觉传达类别年度设计大奖、2016 D&AD大奖杂志及报刊类别木铅笔奖等。

《Design 360°观念与设计》

《呕吐袋之歌》/ 设计：周伟伟

设计师周伟伟的书籍设计作品《呕吐袋之歌》获得 D&AD 全球创意设计大奖的石墨铅笔奖。这是澳洲摇滚歌手尼克·凯夫在 2014 年的北美巡演途中，在经历 22 座城市的飞机呕吐袋上写成的灵感随笔集，这些随笔以散文、诗歌、歌词梦境片段的形式呈现，诉说了人生的各种可能。设计师为了还原呕吐袋书写的视觉效果，除了将尼克·凯夫写的全部呕吐袋实拍照片放进书中，还将整本书包括封面和内文的上方切口裁切成为锯齿状，形成呕吐袋特有的锯齿边缘。包装纸袋上的书名采用丝网印刷技术，表现真实呕吐袋的斑驳质感，读者也可以在袋子上自行创作，在阅读中与尼克·凯夫对话。

《呕吐袋之歌》/ 设计：周伟伟

《扯皮》/ 设计：孙晓曦

设计师孙晓曦为著名音乐人左小祖咒设计的一本跨度长达 10 年的访谈录。作品斩获 2017 德国红点传达设计奖至高荣誉——"最佳设计奖"（Red Dot：Best of the Best），同时还入选了东京 TDC 年鉴，获得了澳门设计双年展金奖等。设计师把自序呈现在书的封皮上，封皮拆开后，可以被当作废纸和垃圾扔掉，加之书名"扯皮"在字面上也有"扯掉封皮"之意，这种特殊的形式不仅更契合主题，也充分表达了"来自地下摇滚"的左小祖咒"不把自己当回事儿"的自嘲精神。整部作品厚达 1028 页，只有文字，没有图片，采用一页一问、一页一答的形式，打开书首先看到的是回答，然后才是问题，突破常规访谈录的设计形式，充分体现了汉字的幽默和魅力，为读者建立了有趣的阅读体验。

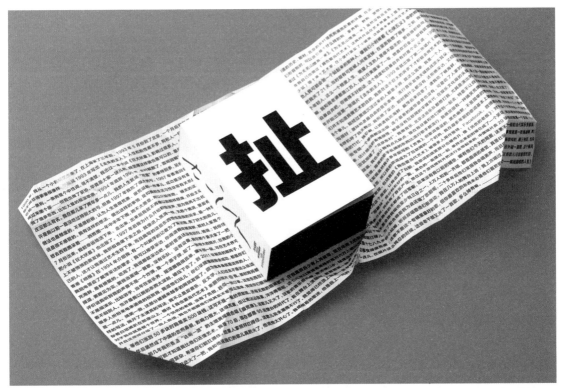

《扯皮》/ 设计：孙晓曦

《无限的网：草间弥生自传》/ 设计：王志弘

作为草间弥生第一本自传，本书叙述了她充满传奇的艺术生涯。风靡世界的艺术家草间弥生的另一称号是"圆点女王"，如何恰当地应用圆点来表达她的传奇人生？圆点代表着什么？在过往的生活、工作中，又是如何去接触这些圆点的？这些是台湾著名设计师王志弘在设计时经常思考的问题。设计师从自己的经历与经验中去寻找人跟圆点的关系。

后来他在印刷工艺中找到了答案，印刷中的网，既是网，也是点，并且隐藏在他所有的作品之中，这是他与草间弥生之间的一种联系。设计师坚信对于书籍的设计思路、想法，除了要围绕主题、主角之外，也要考虑双方之间存在的某种联系，只要寻找到这一点，就能从特殊的角度去贴近对方的核心理念。

《无限的网：草间弥生自传》/ 设计：王志弘

《饮 & 呕吐》/ 设计：广煜

上海当代艺术博物馆设计中心 psD 于 2018 年 3 月 17 日~5 月 20 日举办日本著名平面设计师仲条正义（Masayoshi Nakajo）在中国地区的首次个展。这位有"日本平面设计时代记录者"之称的设计师通过本次展览展示了其长达半个世纪以来不断自我更新的创作之路。展览的画册由 A Black Cover Design 创始人广煜设计完成。画册的整体设计充分展现了设计师对这位玩世不恭的设计大师的理解。

封面由三部分组成：金色的竖条幅、银色的横条幅、右手页第一张作品图。通过作品图的变化形成四个不同的封面。交错使用的金银两色的锡纸，大胆又简单明了地传达着一种时代气息，它脆弱、廉价、粗鲁、直接。而仲条正义本人很爱抽烟，锡纸的使用也贴合了香烟的包装纸，就好像拿着书的你已经打开了烟盒，而翻开书之后，一个活生生的仲条正义似乎就抽着烟站在你面前，让读者充满代入感。

四、实践成果

1.作品解析

　　"咪咪"是女性乳房当代流行的说法，该生用"解放咪咪"的概念表达了当代女性要打破传统的束缚，寓意女性自我意识下的解放，是自信、美丽、健康的，是随心所欲而非偏于我执，"解放咪咪"不仅仅关乎健康与美感，更重要的是"我的衣扣，我才有权力解开"。本书梳理了女性胸部受束缚的历史以及女权主义的兴起与发展，结合刚古纸的特性以"咪咪"的意象图形为视觉符号贯穿整本书，手绘的随意性寓意着自由的解放，外包装用真空保鲜袋的形式呈现，整本书被真空紧紧包裹着，当读者拧动开关，书本瞬间"解放"出来，巧妙地与主题呼应，解放"咪咪"，快乐而自由，鲜活而生猛。

《解放咪咪》/ 学生：丘悦（刚古大赛金奖作品）

　　基于对影子的观察与兴趣，该生收集了与影子相关的摄影及艺术作品，设计了一本关于影子的书。影子的形态千奇百怪，让人充满快乐的想象，从影子的特点出发，衍生出一家无论做任何造型都不会被吐槽的影子理发店。理发店主将头发做得千奇百怪，菜单上的发型可以看见各种动物、工具的影子，其中有的发型看上去还有种似曾相识的感觉。该作品期望鼓励人们勇敢走出舒适区，敢于尝试一些不敢挑战的事物，对抗平庸的枯燥日常。

《Shadow Baber Shop》/ 学生：陈嘉容（刚古大赛银奖作品）

《Milu Planet》从一本解说兔子历史的书获得灵感，通过想象描绘出来的兔子星球，其中有来自各种童话创作或习俗传说的兔子们的形象，将它们与神秘的宇宙结合设计，采用了星球、星轨等元素加强宇宙氛围感。书的内容性质主要为带趣味性的科普，结合插画让我们更清楚地了解生活中耳熟能详的兔子的来历，让我们知道原来看似柔弱的兔子其实已经用各种方法融入了我们的日常生活当中。作为一种生命力强的生物，它们也许会拥有一颗属于它们的星球，在这个星球上活动繁衍，生生不息。

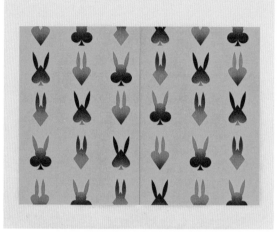

《Milu Planet》/ 学生：李咏琪（刚古大赛优异奖作品）

　　《扭蛋模仿游戏》是一本模拟玩扭蛋游戏的说明书。扭蛋游戏承载着"90 后"一代人的成长回忆，扭蛋游戏带来的快乐与惊喜是很多游戏无法取代的。全书以扭蛋本身作为主要视觉元素，清晰地展现扭蛋游戏的过程，富有一定的体验感和趣味性。

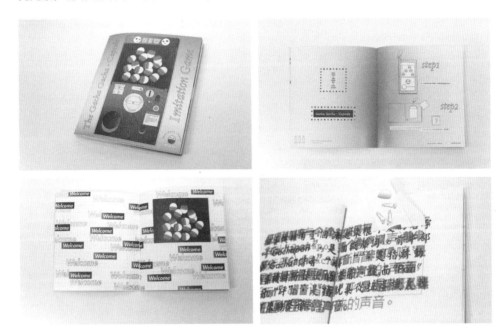

《扭蛋模仿游戏》/ 学生：李颖捷

　　《八云小镇》以小泉八云的"怪谈奇谭"为原型，用轻松幽默的语调重新构筑一个快乐的妖怪城镇，该生通过手绘插画的方式向读者介绍这个城镇不同的有特殊功能的妖怪，无穷的想象力给读者带来沉浸其中的快乐。

《八云小镇》/ 学生：潘杜若蘅

　　《Tiger Team》《冒险小虎队》丛书是"90后"的集体回忆，满怀着感动与热爱，根据 Tiger Team 的故事，结合自己对书籍设计的理解，该生重造 Tiger Team 的新形象，赋予全新的表达方式。全书的设计思路贯穿着揭秘和文案探索的逻辑。利用刚古纸独特的纹理和纸色、粗糙的质感、微微发黄的纸页，配合老旧或处理过的图片，营造出具有一定神秘色彩的氛围渲染，让人从外装便能一睹大致的情感色彩。配合文案解密的阅读形式，内容正页以文件档案的形式编排设计，内页图片摒弃传统书籍设计的嵌入式，通过独页附件置于页面左上角的形式带入档案阅读的习惯，让人从视觉和交互上进入侦探解谜的世界中去。

《Tiger Team》/ 学生：张旭颖

这本书的内容关于番茄的一切，从番茄的单个外表、形态到番茄的种植过程、人与番茄的关系发展、历史故事，等等。作者把读者放置正在翻阅前人的番茄手抄本的情景中。封面是简洁的一个红番茄的简约色块，内页文章附上雕版印刷质感的插图，特殊章节用手写字特殊处理。

《番茄记》/ 学生：谭晓琪

《UFO ADVENTURE》是一本飞碟在地球奇遇的故事杂志，讲述了飞碟 UFO 遨游在地球里的故事，带着望眼欲穿的眼睛，飞碟从它的角度，到了不同的国家，看到不一样的视界，这些独特的景色会在杂志中一一呈现，充满乐趣。本书借飞碟这个特殊形态贯穿于整个视觉脉络，表达了作者对自由精神的向往。

《UFO ADVENTURE》/ 学生：黄诗盈

忙碌的当下，我们在工作生活中最快乐的事情莫过于在紧张的工作中"忙里偷闲"，能够好好地睡上一觉，偶尔做做梦也未尝不是一件平常而奢侈的乐事，据此创建 D&D 创意设计中心。在这里大家可以分享一切天马行空的想法；尽情地抒发曾经梦见过的如真如幻的梦境故事；快乐地"脑洞大开"，挖掘出脑海里最不可思议的创意，由 D&D 设计中心的梦想家为你设计梦想，实现创意。

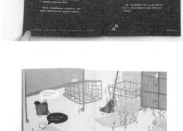

《D&D》/ 学生：张钰堂

《宫廷游戏》集结了古代宫廷最具代表性的游戏，介绍游戏的历史、规则以及相关的趣味故事，页面展开出现不同的棋盘，并配有 DIY 棋子。游戏符号的现代表现与经折装的古朴气息相互映衬，力求营造出华丽的宫廷美感。

《宫廷游戏》/ 学生：闫世港

2. 展览成果

　　展览与评价体系作为课程教学的重要延续部分，其本质是交流性学习、参与性学习、观察性学习等学习方式的综合。本次课程成果丰硕，学生们凭借着新鲜的创意和不懈的努力，在"2017-2018 刚古设计大赛"中喜获佳绩，斩获大赛的金奖、银奖、优秀奖、区域大奖等。因此，课程展览形式突破了传统的展览模式，与 2018 年 7 月于广州大剧院举行的"2017-2018 刚古设计大赛"颁奖典礼同步进行，此次大赛康戴里公司邀请到中国平面设计界重量级人物作为评审团并出席颁奖典礼，包括靳刘高创意策略创办人及荣誉顾问靳埭强博士，香港李永铨设计廖有限公司创意总监李永铨先生，SenseTeam 感观·山河水创建人、创意总监黑一烊先生，今天设计创意总监、策展人马德岗先生等。香港 BLOW 工作室创始人兼设计总监罗晓腾也莅临现场分享他承担本次大赛视觉形象设计的心得。在开放的展览场域中，参展学生除了有机会与著名设计师进行直面的交流，更能听到出版行业、印刷公司、新闻媒体等更广泛的意见。这种多维度的交流带来的观念碰撞能帮助学生对自我专业能力的构建有更清晰的认知，成为学生们创造性思维的重要源泉。

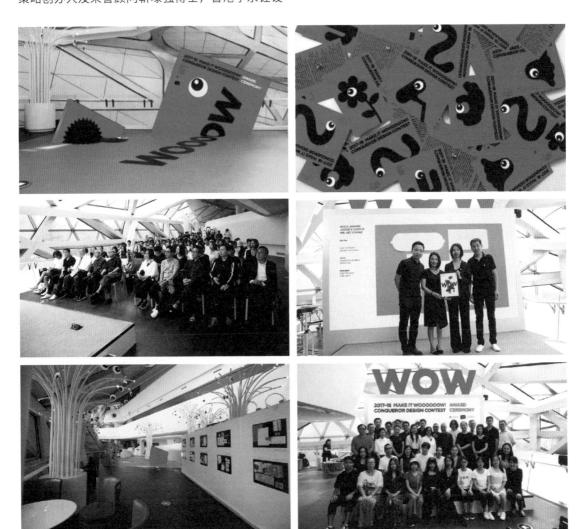

"2017-2018 刚古设计大赛"颁奖典礼现场 / 广州大剧院

五、课题总结

1. 课题小结

本次课题的实践过程与结果都给学生带来独特的启迪与感悟。通过设计大赛的驱动，能有效地激发学生学习的积极性，使他们富有策略地进行思考，在调研分析的基础上设计出独特的作品，在参赛中学习，在学习中比拼，使他们在掌握书籍设计的知识并进行设计实践后迅速地获得专业反馈，对学习的效果进行了较好的检验。并且在提高学生的设计实践水平和创新能力的同时，也能为他们将来迎接更多的设计挑战做好准备。

2. 学生感言

A.

丘悦

Q2-1：如何理解本次课题的主题"快乐设计"？

丘悦： 所谓快乐即是轻松的，我更倾向于把这种轻松理解为精神上的愉悦和心灵上的满足。如何理解快乐是哲学命题，如何传达快乐是设计问题，因此我理解的快乐设计不能只是炫目的色彩，不能只是华丽的装帧。当然快乐设计分"快"的快乐和"慢"的快乐，"快快乐"设计急促而夺目，"慢快乐"设计绵长又温文尔雅，斟酌我的选题后，我决定选择"慢快乐"设计。

Q2-2：结合你的作品，如何权衡纸种、克数和开本三者的关系，去选择用纸？

丘悦： 感性选纸，理性采购。每次选纸时一定会靠不断摸去感受纸张，心里想着作品的气质，然后把纸样摸烂即可（开玩笑）。按"慢快乐"的设计逻辑，内页选纸偏好薄而微透光的温柔纸，书封选择了软磨砂触感的纸张，想要营造触摸肌肤的质感。开本是极其普通的书本大小，想要放在书架上温柔而不夺目，不经意看到时又觉得温馨怡人就好。

Q2-3：如何理解"书是三维六面体"这句话？

丘悦： 从立体的角度去理解一本书，设计的时候光考虑一个平面是不足够的，试想把这本书当成一个长方体的盒子，每一面都是相连的，把长方体展开成一个平面后再去观察各个面是否是一个整体。

Q2-4：整个作品中，你的主题概念是通过什么创意手法与形式呈现出来的？

丘悦： 书外做了抽真空的包装，读者开启书本的时候空气进入包装内，气压瞬时由强到弱，产生释放的感觉，营造与书本"解放咪咪"相符的气质。

Q2-5：如果只能用不超过 15 字的句子来介绍你的作品，会是什么？

丘悦： 解放咪咪是随心所欲而非偏于我执。

Q2-6：你认为好的书籍设计作品的衡量标准是什么？

丘悦： 对读者来说"想拥有"，对同行来说"有意思"，对社会来说"有意义"。达其一是佳品，达其二是上品，大满贯是极品。

Q2-7：在整个课程中，你最大的乐趣是什么？

丘悦： 最大的乐趣是在"找感觉"上，从概念构思到设计成型，每一次的交流与碰撞刺激我不断地思考：到底我的设计想传达什么？印象深刻的是，本书 logo 一直处于修改当中，然而 logo 的终稿还是决定沿用初稿的模样，我不认为废稿毫无意义，尤其是修改过程中的不断斟酌，其实更助于我摸索符号与书本气质的关系。

B.

李咏琪

Q2-1：如何理解本次课题的主题"快乐设计"？

李咏琪： 快乐是一个很抽象的东西，而且对于每个人来说都会有不同的定义。快乐这种感受，特殊到就算让每个人列举出一样东西来代表都可以有无数种答案。因此"快乐的设计"，可以有很多种表达。可以是"快乐的东西""快乐的回忆"，或者仅仅只是"看了让人不自觉扬起笑容"的设计。

Q2-2：结合你的作品，如何权衡纸种、克数和开本三者的关系，去选择用纸？

李咏琪： 我设计了一个兔子的星球。兔子在大家的印象中都是非常可爱的、娇小的、女性化感受的生物。

因此我选用了 32 开，是一个刚好可以被捧在手里的比较迷你的开本，至于纸种、克数，都是一些涉及落地实现的因素，很难仅从设计理念出发，还需要结合例如书本的色彩感受、书本的性质、页数的数量等各方面来考虑。

Q2-3：如何理解"书是三维六面体"这句话？

李咏琪：书籍设计，在平面表现上就已经是多层面的，设计时不但要考虑视觉设计、排版，还要考虑书本内容的结构框架及其呈现，在装帧上，书籍又是一个立体的存在，翻书的每一秒都在让书与其周围的空间不断地发生联系，"书是三维六面体"，指的大概就是好的书籍设计艺术带来的是一种动态的审美感受。

Q2-4：整个作品中，你的主题概念是通过什么创意手法与形式呈现出来的？

李咏琪：我的主题就是兔子的星球，在我的想象里，这个星球上的兔子也会像地球一样熙熙攘攘，生生不息。因此我在书籍的设计里，大量地使用了元素的重复排列，来形成一种富有张力的视觉效果。同时，星球和星轨般的虚线这两个元素也一直贯穿我的整个设计，让读者在翻页的时候也能够感受到这些兔子间的联系。

Q2-5：如果只能用不超过 15 字的句子来介绍你的作品，会是什么？

李咏琪：在人类不知道的那部分宇宙里，兔子都住在同一颗星球。

Q2-6：你认为好的书籍设计作品的衡量标准是什么？

李咏琪：假设抛开内容不谈的话，我认为好的书籍设计作品能让人在阅读时感受到作者想要传达的情感力量。虽然只是很简单的一句话，但我认为这是很难做到的。因为这需要设计者拥有多维的感知能力，并且在经过设计概括后再精准地传达给读者。

Q2-7：在整个课程中，你最大的乐趣是什么？

李咏琪：最大的乐趣就是我真的在这个星球里感受到了快乐。哪怕只是对于自己，我觉得我做到了"快乐设计"。

C.

谭晓琪

Q2-1：如何理解本次课题的主题"快乐设计"？

谭晓琪：从读者方面来看，作为书籍设计者，需要担任起让设计带给人快乐的任务，"快乐"可以从封面、装帧、排版、插图、字体方面去着手。设计的形式和手法的选择当然是符合书籍内容作为前提。从设计者方面来看，在设计的过程中也要感受快乐，感受纸张的温度，从将抽象的文字转化为具体形象的书本的过程中得到满足的乐趣。

Q2-2：结合你的作品，如何权衡纸种、克数和开本三者的关系，去选择用纸？

谭晓琪：这本书的内容关于番茄的一切，从番茄的单个外表、形态到番茄的种植过程、人与番茄的关系发展、历史故事等等都有涉及。我把读者放在正在翻阅前人的番茄手抄本的情景中，所以纸张选择的是粗糙度较大、纸张厚重感强、颜色偏黄的纸张，以模拟一种岁月感。

Q2-3：如何理解"书是三维六面体"这句话？

谭晓琪：三维即长、宽、高；六面即书作为正方体的六个面。我的理解是书本是个实实在在的、能被人感受、触摸得到的物体，它与电子物品不同，它会随着时间而变化，是有呼吸、感染力、生命力的。

Q2-4：整个作品中，你的主题概念是通过什么创意手法与形式呈现出来的？

谭晓琪：封面是简洁的一个红番茄的简约色块，内页文章附上雕版印刷的插图，特殊章节用手写字特殊处理。

Q2-5：如果只能用不超过 15 字的句子来介绍你的作品，会是什么？

谭晓琪：番茄是人类最好的朋友。

Q2-6：你认为好的书籍设计作品的衡量标准是什么？

谭晓琪：书的外表能第一眼吸引到读者的好奇心去翻阅；拿在手里的重量与书籍的主题相符合；纸张裁剪整洁精美，纸张的选择能给书加分；排版经过精心设计，让读者阅读顺畅；设计版式层次分明；配图不抢文字的主导地位。

Q2-7：在整个课程中，你最大的乐趣是什么？

谭晓琪：认识到纸张的基本知识，参观纸张制作、印刷的流水车间，最后能独立设计和制作出一本满意的书。

第三节 毕业设计课题：
当下与未来的综合表达

一、课题简介

基于书籍设计在视觉传达设计专业系统里的重要性，本章节将以视觉艺术设计学院视觉文化设计工作室 2019 年度毕业设计课题为例，分析如何重点以书籍设计的形式表达出毕业设计的主题。

视觉文化设计工作室 2019 年毕业设计主题围绕"当下即未来"（The Future is Now）展开。伴随当下经济与科技的快速发展、物质生活的日益丰富，新的问题也在不断涌现，如何去发现并定义当下的新问题成了这届毕业设计的研究重点，同时这些问题也指向了对于未来可能性的探索。而对于问题本身的关注来自于布坎南所提出的"设计是一种棘手问题（Wicked Problem）"。不同于科学问题，设计问题的对象往往一开始并不明确，需要经过大量的研究才能形成相对稳定的情形。在此语境下，设计的价值往往在于新问题的提出与定义新问题的过程之中，而非仅仅最终对答案的展示。学生以阅读来自不同背景的文献资料为起点，结合自身的经历与当下的社会环境提出不同的问题，并通过毕业设计的研究过程不断明晰问题，深入问题的各个方面。学生对于问题的研究最终将集合成风格各异的书籍设计作品，并在展览中配合相关视频与新媒体作品进行展示。本次毕业设计课题由编者与本学院教师万千个、沈婷、潘永亮共同指导完成。

1. 课题目标

本课题旨在激励学生对当下社会进行仔细观察，对一系列社会现象进行研究，并大胆想象设计的未来。在课题研究过程中，学生发现并了解某种结构、组织、社会和经济关系，独立发现问题、发现事物的优劣，并且要通过书籍设计及衍生设计的形式富有创意地找到解决问题的方案，努力在创新、详尽的设计方案与传统书籍的概念之间找到平衡点，使形式与内容的融合更具延展性，以更开阔的思路来激发创意，探讨当今视觉文化设计进入新的设计语境所呈现的设计态势。

2. 课程安排

毕业设计是学生在整个本科学习生涯里最重要的代表作品，为保证毕业设计作品的完整度和深度，整个毕业设计的课程时间区别于一般的课程，从文化调研、确定选题到视觉尝试、整体视觉框架搭建、完善设计、延展设计，再到最后的展示设计、整体调整，整个课程规划的时间为 14 周。

课程名称：毕业设计		
课程类型：专业课		
授课老师：陈美欢、万千个、沈婷、潘永亮		
授课对象：视觉传达专业四年级		
学时：224 学时		
前期 / 第 1 周 – 第 5 周	中期 / 第 6 周 – 第 10 周	后期 / 第 11 周 – 第 14 周
选题调研阶段	设计执行阶段	展览呈现阶段
选题市场调研、文化分析、资料分析整理、提出问题、开题汇报	整体视觉框架搭建、视觉尝试、视觉调性确立、设计执行、中期检查	视觉设计定稿、动态设计、实物制作、展示设计、整体调整、最终呈现

二、调研与文化分析

1. 前期调研

"当下即未来"这一主题的涉及面非常广泛，因此学生能够自由选择某个自身关注的问题进行充分解读。课题首先要求学生阅读主题相关的书目，在阅读分析的基础上根据自身的关注点挑选主题，分别从文化、地理、历史等不同角度对主题进行较为详尽的资料收集，通过问卷、访谈、实地考察等调研方式尽可能了解主题的现状并提出问题，并将现有问题的视觉形式进行深入的核查，分析设计方案的成功和不足，并研究所应用的设计原则及可能的代替方案。围绕问题选择最能诠释所选主题的格式与媒介，在开放的、试验性的过程中设计出适当的视觉策略，回应提出的问题，表达出主题的特质，构建出独特的视觉叙事。

2. 文化分析

"当下即未来"主题引领学生围绕当下的流行文化与未来的文化发展可能性进行探索。学生要对研究的主题从文化缘起、文化现状、文化路径等不同的维度进行分析，同时需要考虑叙事和顺序、视觉层次、内容结构与视觉结构的匹配等一系列问题。这些问题包括如何证明我不是人工智能、如何从容面对死亡、未来的汉字会是什么样，等等，学生在解决问题的过程中逐渐掌握了对目标受众及人自身因素的分析能力，把他们发现的、蕴含在文本中的寓意具体化的表达能力，在复杂课题中衡量好时间与资源的协调能力，结合主题的文化分析表现概念思考、视觉创造、数字和实物的实现技巧等。

三、实践过程

1. 辅导过程

本次毕设课题从本质上看探讨的是设计的无限性、从多角度对时兴题材的批评性讨论、对社会问题的呼吁，以及对新的视觉标准的探索等。整个辅导过程主要围绕两方面进行：思考与实践。一方面，对选题的思考贯穿于整个设计过程，从作品创作的设计程序、策划方法，实施制作，到最终作品展示的全过程。另一方面，要求学生遵循下列汇报形式展示自己的作品：开题报告（包括前期调研、设计缘起、设计理念等）、中期设计报告（包括设计草稿、创意的修订、预期的设计效果等）、最终设计呈现（包括实物制作、展示效果等）。在教学中，配合优秀的设计案例的讲授，让学生体会到内容与形式如何相互契合，从创意的产生到作品的完成都围绕着对特设的针对性问题运用以书籍为主体的设计进行回应，这些问题有助于学生更好地思考毕业设计的社会意义与研究价值。

毕业设计开题汇报

毕业设计中期检查

2. 主题优秀案例分析

《线》/ 设计：梅数植

　　《线》由 702DESIGN 艺术指导梅数植设计完成，荣获 New York ADC（艺术指导俱乐部）96 届书籍设计类金立方奖。这本书是一位来自法国的收藏家 Thomas Sauvin 关于中国一个时代的图像记忆。设计师受到了一个来自中国民间的缝纫针线包的启发，这种完全手工制作的折叠针线包在 20 世纪 60 年代是中国家庭主妇的重要日常工具。整本书的设计挪用这种已经自然生发、存在于民间的智慧，它的介入对于"线"的表达和融入是再合理不过的，毕竟，针线包原本就是"线"的载体。作品希望通过对民间工艺的改良和复现能带给阅读者在图像中重塑故事的线索，充满温度与惊喜。

《线》/ 设计：梅数植

《资本论》/ 设计：孙晓曦

　　《资本论》是书籍设计师孙晓曦设计的一个实验作品，探讨的是材料与现实的关联。由于热敏纸这种材料可以被看作是全球化消费社会的一个很好的象征，因此设计师尝试把《资本论》打印在热敏纸上，再将 20 世纪与经济、战争有关的图像覆盖在上面，这张可以拉得很长的纸卷充满时间的流动感，印在上面的内容也会随着时间的流逝渐渐消失，这种材料的运用颠覆人们对传统书籍的看法，借视觉和触觉相结合的形式来探讨经典文本与当下经济全球化之间的关系。

《资本论》/ 设计：孙晓曦

《黑龙江盒—仇晓飞》/ 设计：广煜

《黑龙江盒—仇晓飞》是广煜为艺术家仇晓飞的个展"黑龙江盒"设计的画册。设计师从艺术家的回忆中挖掘对他有影响的物和事，最终寻找到了一种可以寄托艺术家情绪的材料，一个用来珍藏"至宝"的盒子。这个盒子是手工制作的纸盒，里面装着展览画册、一支小时候画画用的水彩笔、两个玻璃球、一封用生锈的别针别着的请柬。画册手工撕去前后两页，使人联想到爱撕书的童年时代。童年的游戏，最初的理想，没有压抑的生活，都装在这个盒子里，完整地阐释艺术家对于艺术的追求——回忆的过程。这样的设计会让读者自发地产生一种好奇，究竟盒子里面装的是什么？这些东西和艺术家之间有着怎样的回忆？广煜的设计给画册带来了更多的可能性，画册不再局限于某种特定的形式，它变得有趣，让人愉悦。

《黑龙江盒—仇晓飞》/ 设计：广煜

《Hot to Cold》/ 设计：施德明

《Hot to Cold》是 BIG 建筑事务所的作品集，主要介绍地球上从最热到最冷的地方的建筑，让读者了解不同的环境之下，温度对建筑的影响，由国际著名设计师施德明设计。施德明用设计的方式将这种温度上的变化直接呈现在读者面前：整书从封面到切口再到内页，用红、黄、绿、蓝渐变的方式将这种变化给视觉化了，让读者在颜色的转变之中感受一番"热到冷"。同时，页面颜色也可以让读者非常直观地知晓书页中讲述的是哪种温度下的建筑。

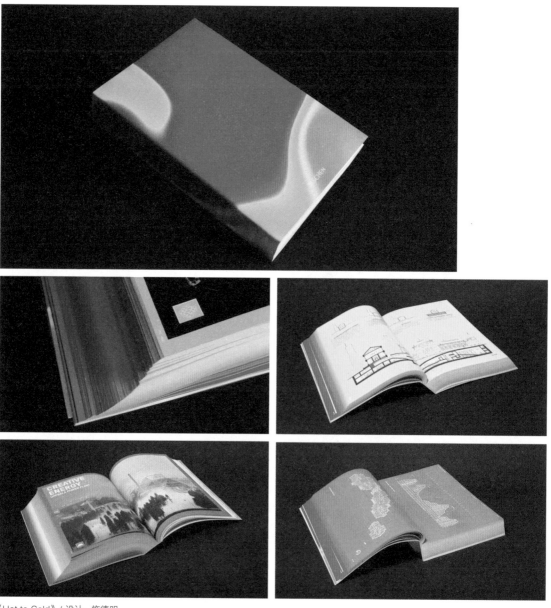

《Hot to Cold》/ 设计：施德明

《便形鸟》/ 设计：朱赢椿

便形鸟，取"随物赋形，便宜行事"之意，是"世界最美的书"获奖者朱赢椿老师继《虫子书》后的又一力作，获选 2018 年度中国"最美的书"。《便形鸟》集三种翻阅方式于一书，共分为三个部分：影像、图志和揭秘。第一部：影像。通过摄影画册式的编排方式，作者将绘画创作的便形鸟与摄影作品结合，进行再创作，形成观念艺术作品。第二部：

图谱。作者以中国古籍画谱的形式，将便形鸟的形象一一展示，并配以半白话文字，对鸟的外貌、性情等进行描述。第三部：揭秘。内容采用拉链刀工艺的手撕线封住，读者要揭开封条，才能看到便形鸟的创作原型、作者的创作缘起和幕后素材。三部分营造了整本书的视觉秩序，带领读者进入便形鸟的奇异世界。

《便形鸟》/ 设计：朱赢椿

四、实践成果

1. 作品解析

选题"社交皇后"是新时代对"大妈"概念和印象的一种颠覆。社交皇后,是对那些有一定社交生活,生活丰富自由的"大妈"的尊称。期望借设计作品传递一种新时代的思维方式和概念,鼓励她们发现自我价值,找到人生的"第二春"。该生围绕主题创作了相应的刊物和影像,一方面,针对"大妈"的外在、内在和社交三个部分进行设计,呈现积极的面貌;另一方面希望引发当代年轻人的思考,正向地看待年长者的生存哲学,关注退休人群的生活状况。

书籍包括《社交皇后》和《皇后回忆录》两本。《社交皇后》更像是一个社交皇后的修炼手册,通过皇后心语、皇后仪容、皇后社交一步步引导"大妈"们找到自己的个性,丰富自己的退休生活。《皇后回忆录》是一本满载皇后回忆和记忆的书录,通过结合当代"大妈"身上的便签——墨镜、丝巾、广场舞——以刻板印象打破刻板印象,使用新材料使人更有代入感和添加材质的感情温度,并通过设计元素的重构和设计语言的重新组织,给人一种新的视觉感受,改观对"大妈"的印象。

《社交皇后》/ 学生:张旭颖

汉字是生活的缩影，它随着时代的发展而发展。在未来的时代会有许多改变的事物和观念，那么汉字也应继续发展。在搜集了大量的相关科学报告和理论文章后，在此基础上对未来进行想象，从而设想出新概念汉字，每一个字所代表的事物都不同。通过新概念汉字表达未来文化，让观众在关注汉字的同时，也对未来有所想象，对于好的要有所期望，对于坏的要反思自身。在学习了传统造字法之后，进行总结归纳，寻找各自造字法的规律和特征，挑选并罗列出新的造字法则，尽可能地让观众对全新的汉字产生共识。最终呈现的是书籍、识字卡片、艺术海报，其中书籍的内容是对每个字的详细说明，并可以用手机对每个新汉字进行 AR 互动，银色纸张的应用大大增强了书籍的未来感。

《字在未来》/ 学生：谭晓琪

《最后的订单》是一个死亡体验平台，帮助生者关注死亡的未知性，塑造正面的死亡观，体验死亡，思考死亡，尊重死亡。在这里访客可以下单体验自己身份的假死。在日常的社会交流中死亡是一个比较忌讳的话题，该设计以死亡为主题，让大家多方面、多维度地看待死亡这件事情，希望通过积极正面的死亡观引导读者思考死亡与生命的关系和意义，思考死亡，尊重死亡，发现生的意义。

整套书视觉上用星星作为符号串联：宇宙间能量守恒，个体死亡后能量回到宇宙当中，转化为下一次超新星爆炸的能量，成为一颗星尘。《当我们变成星辰》收集了死亡命题在科学、哲学、艺术方面的诗意表现，传达正面的死亡观。《生死观采访录》采访了 20 个人，探讨自己对死亡的幻想。里面有许多非常创新的祭奠方式和葬礼方式可供大家参考，这本书可以让读者觉得死亡不是那么难以接受的话题。

《最后的订单》/ 学生：罗雨颖

在这个人工智能迅猛发展的时代，人们在享受人工智能带来的便利的同时，也不免陷入身份焦虑、生存的未知焦虑之中。除了目前已预见的 AI 代替劳动力所带来的"下岗恐慌"，未来开发强人工智能会带来一些无法预见的可能，比如生物科技的进步使得仿人机器人更为逼真，这类人工智能从外表上无限接近人类，加上深度学习能力的提升、人工智能情感领域的突破,届时人机（人工智能）关系的把握、人机界限的划分显得尤为重要。《仿生人会梦见电子羊吗？》是菲利普·迪克最著名的作品之一，同时也是该生本次书籍设计的灵感来源，书中讨论了一个命题：当仿生人外观上、功能上无限接近人类，甚至超过了人类，人和仿生人的区别在哪里？这本书激发了该生的创作热情，而平面设计作为探索当代视觉文化复杂性的重要工具，该生用设计的思维方式去探讨人工智能，进而发掘在人工智能与大数据时代下平面设计的可能性。

《Aidentify》/ 学生：丘悦

　　该生把"追星"定义为一种平常却又特别的爱好，在大众文化通过各种传媒传播发展得越来越热烈的当下，越来越多的人开始了不同程度的"追星"，甚至把它当作一种新型的解压方式，以包括"追星"在内的大众文化中常见的出版物杂志作为载体，将经过研究分析的内容结合了视觉表达方式进行演绎，最终发起倡导。在如今这样一个价值多元的时代，有人认为追星毫无价值，有人却认为追星对自己来说意义非凡，从中获得非常多的乐趣。粉丝群体并不是异类。粉丝追星可以流露真情实感，用爱意来浇灌这个爱好，同时让自己也能从中收获成长是最好不过的事，但也更应该时刻保持理智与克制，重视对他人以及对社会的相关影响。

《IDOLIZE》/ 学生：陈文静

回声室效应是对新闻媒体及社交网络中一种情境的隐喻描述，指在封闭空间里相同意见、观点等信息不断被重复，以夸张或扭曲的形式得到放大。在该书籍中，对回声室相关的网络概念进行了视觉转化，赋予它们相对应的角色设定，以轻松愉快的视觉风格与幽默古怪的故事情节对回声室效应进行了科普。主要从回音室的产生原因、消极影响、如何逃离回声室三个方面进行了解释。书籍包装盒亦直观地表现了回声室"重复、放大"的特征，以三维与二维结合的形式呈现了回声室效应。

《回声室效应》/ 学生：林春霞

　　《丰满美学》是一本研究关于胖体态美的书。该生结合自身的亲身体验深刻感觉到当今社会对胖体态的负能与不公。作者认为,在逐渐发展的多元社会,应尊崇文化多样性,也更应尊重身体多样性。作品期望通过书籍向大众传递胖体态正面的信息,在整体创意、编排设计、字体设计上均注重紧扣"胖体态"主题概念的统一表达。希望社会上更多的人重视胖体态人群被歧视甚至被攻击的现状,发现胖体态的美,也希望胖体态人群不要自卑软弱,每一种选择都应该被尊重,每一种体态都蕴含着独特的美。

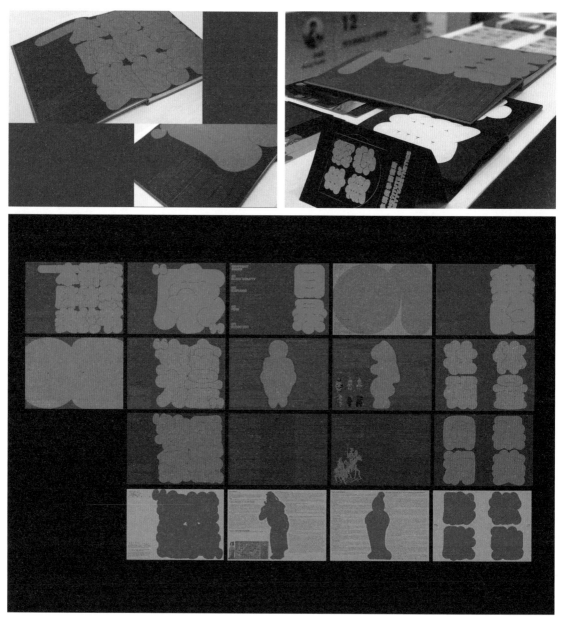

《丰满美学》/ 学生：闫世港

《对话》探讨的是新生代学子与父母一辈的沟通与对话。书籍希望直接以人与人之间最基本的"你一言我一语"这样的对话形式进行演绎，这样形式的交流是相互的，两代人的交流可以有各种各样除语言以外的形式。两位学生收集了家中父母留下来的大量珍贵的老物件，包括老照片、底片、粮票、CD 光盘等，并将物件巧妙地融入书中，以对翻的形式进行对比性的设计，直观地看出两辈人不同的时代背景与生活故事，希望两代人在唤起美好回忆的同时变得更加亲密。

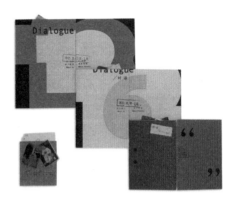

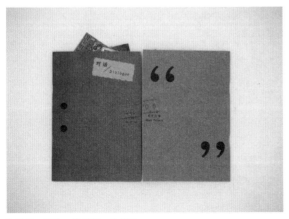
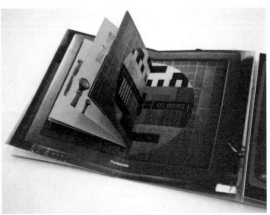

《对话》/ 学生：陈思琪、庄瑞灵

2. 展览成果

　　毕业设计教学最令人期待、最精彩的当属教学成果的展示部分，以展览的形式把教学成果的各个环节紧密结合并展示出来是整个教学过程的重要纽带，它不仅实现了作品的宣传和推广，更是对教学活动的回顾和总结。广州美术学院一年一度的毕业设计展已成为备受瞩目的城中盛事。在如此开放的展示平台上，学生以具体的视觉表达方式向公众展示其课题研究成果，形成各专业、各学科之间的交流，展览过程中的与公众的讨论与对话、展览结束后的思考与反馈将成为课堂教学的有效延伸，而通过展览引发的讨论和探索，意义更加深远。

2019 广州美术学院视觉文化工作室毕业设计展览现场 / 广州美术学院大学城美术馆

五、课题总结

1. 课题小结

毕业设计是整个本科阶段历时最长的课程，毕业设计是学生展示自身综合能力的大平台。在整门课程中，贯彻以学生为中心，以学术为导向，以实践为手段的原则，有意识地引导学生在课程训练过程中针对社会文化、社会现状、社会需求进行书籍的整体策划；引导学生综合运用各种研究方法，包括相关的文献研究以及对一系列解读视觉和文字信息的视觉试验的研究，整理出独特的文本与图像，通过以书籍为主体的多样视觉形式，使文本内容与视觉图像协调一致，针对研究问题设计出融入他们自己独特视觉语汇且具有一定试验性的作品，并提出具有创新性的设计建议。从课题的成果可以看到作为一种文化传媒手段，书籍设计及衍生设计始终是影响社会与文化的有力工具之一，整个设计过程充分发挥师生双主体的作用，基本实现教学上的独立性、自主性，真正进行有效教学，实现课程教学目标。

2. 学生感言

张旭颖

Q3-1：在整个书籍设计过程，你认为哪个环节最重要，最能传达你的观念？

张旭颖：《社交皇后》系列书籍中，我觉得最重要的是在最终呈现材质和视觉语言的表达上比较能传达我的观点。选题是新时代对"大妈"概念和印象的一种颠覆。于是在材质的呈现上，我大胆地选用了代表当下"大妈"刻板印象的丝织品和刺绣流苏。想通过视觉设计打破这种刻板印象，营造酷尚的新审美视角，使读者被活力张扬的视觉语言所吸引，阅读之后对"大妈"这个群体有一点新的认识。在色彩上我也处理得比较丰富，想融入一些当代艺术的设计和表达思维，通过连环画和拼贴的手段将书籍的阐述语言变得可爱和有趣。期望借设计作品传递一种新时代的思维方式，鼓励"大妈"们发现自我价值，找到人生的"第二春"。同时也希望引发当代年轻人的思考，正向地看待年长者的生存哲学。

Q3-2：一个完整的毕业设计，离不开文本与图像，我们如何处理书籍设计作品中的文本与图像的关系？

张旭颖：首先我觉得要做好编辑的工作。要对书籍的内容有一定的思考，以便更好地进行文章的逻辑顺序整理和图片内容的收集，总之首先是要对文字、图片内容和类型有一个初步的设想和收集。其次是调整好文字与图像的节奏，要根据当下选择的题材和性质做出区分。以《社交皇后》来说，要处理好大片图片和大篇文章内容的关系，在描述皇后心语这个篇章的时候，更多是希望读者走进"大妈"的内心状态和了解她们的内心活动，于是文字内容比较多，注意留白；在后面描述"大妈"丰富的外在表现力时，图片多于文字。要让读者在一个舒适的情况下阅读你的书籍，注意文字与图片的节奏。

Q3-3：完成了作品的文本内容产出与作品的设计效果呈现，我们既是"作者"，也是"设计师"。从内容到设计，如何保证内容以最好的形式传达给观者？

张旭颖：实践出真知吧，好的书籍设计不是一下子第一稿就决定好的，我们要先规划好内容，在不断的打样和修改中调整设计，尽量做到内容与形式的协调统一。

Q3-4：在最终毕业设计作品呈现中，除了书籍设计，还借助其他哪些形式来呈现？这些形式是如何与书籍相结合的？

张旭颖：物料上的衍生和动态视频的展示吧。物料上来说，延续用丝制的特殊材料，结合一些刺绣和亮片珠光，有设计感地做一些杯垫和装饰品的衍生，使之整体的视觉语言更系统和多样化。动态视频结合了迪斯科音乐和MTV的形式，给人一种新式复古和可爱有趣的感觉。

Q3-5：想象20年后的视觉传达设计专业的学生，看到你这次的书籍设计作品，会作何评价？

张旭颖：我觉得或许到时候他们可能在表达语言或者编排形式上会有全新的认识，无法捉摸未来的时代审美和设计要求是什么，但我觉得在当下大家可以多使用一些"新"材料。这个"新"即各种除纸媒之外的一些高新科技和技术，纸张的更新和新式使用形式，书籍的新的构成形式和阅读模式，同时也指基于常规的事物给予的一种新的呈现形式。设计的意义和价值在于不断创作或者更新，在何种形式上积极地给读者带来新的多感受的体验，希望20年后的学生也能继续保持初心。

Q3-6：你认为未来的书籍设计会是什么样的？

张旭颖： 未来的书籍设计，首先我觉得依旧是以纸媒阅读为主吧，即便电子阅读越来越普及，但一味地追求电子便捷式的阅读方式对文明的发展并无太大的促进作用，正因太过于便捷反而失去了阅读的仪式感，变得更加浮躁。但也许不是传统意义的纸媒，或许可以是电子与传统纸媒的结合，利用电子的可覆盖性、便于储存性和纸媒的实体触碰感、仪式感，在纸张类型上期待一种技术的更新和发明。书籍设计应该越来越注重书籍的逻辑和立体思维，它的未来应该是蕴含希望和未知的一汪星辰。

B.

陈文静

Q3-1：在整个书籍设计过程，你认为哪个环节最重要，最能传达你的观念？

陈文静： 我认为从内容的创作到做视觉转化是设计过程最重要的环节，当中有很多需要思考的地方，在研究一项文化中很多细微杂糅的行为或者观念需要通过视觉表现是有难度的，这是书籍设计中变虚为实的关键。

Q3-2：一个完整的毕业设计，离不开文本与图像，我们如何处理书籍设计作品中的文本与图像的关系？

陈文静： 首先要明确自己想要做的书籍的类型以及题材，是绘本、小说还是杂志等，不同书籍类型的图文的比例都不一样，以哪个为主导重点，而且内容与图像上也有联系，还可以是排版上的互动，两者应该互相辅助。

Q3-3：完成了作品的文本内容产出与作品的设计效果呈现，我们既是"作者"，也是"设计师"。从内容到设计，如何保证内容以最好的形式传达给观者？

陈文静： 统一性是比较关键的，因为内容一定是有一个拟定的大主题的，在围绕这个主题下可以从研究的文化现象里面提炼出一个特有的点去进行形式上切入，其实会有很多的可能性，也比较有趣。

Q3-4：在最终毕业设计作品呈现中，除了书籍设计，还借助其他哪些形式来呈现？这些形式是如何与书籍相结合的？

陈文静： 除了书籍设计，我还进行了摄影创作和静、动态海报设计，因为书籍的内容非常的细碎杂糅，而且内容不够充足，很多是引用的，很少有自己的东西，所以觉得还是需要第一手资料以及创作出专属的素材，为此进行了拍摄和海报设计。

Q3-5：想象 20 年后的视觉传达设计专业的学生，看到你这次的书籍设计作品，会作何评价？

陈文静： 其实通过反思，我的书籍设计因为各种原因有很多遗憾和不够完美的地方，我当然希望，也相信 20 年后的优秀设计人才们会看到不足和遗憾，觉得这是一件还不够完美的作品，让自己的作品更进一步吧。

Q3-6：你认为未来的书籍设计会是什么样的？

陈文静： 在科技越来越发达的时代，"电子书是否会取代纸质书"的话题屡见不鲜，我认为或者我希望在未来，书籍设计根据与内容更好地结合或者表现，会有更多更不一样的载体、更有趣灵活的设计和工艺，不局限于纸张甚至屏幕，所有材料都可能成为一本书，为人们阅读提供更多的便利。

C.

林春霞

Q3-1：在整个书籍设计过程，你认为哪个环节最重要，最能传达你的观念？

林春霞： 我的书籍主要是通过可爱有趣且易懂的角色与故事，将"回音室效应"这个抽象的概念与相关知识传递给观者，所以在整个设计中角色设计和风格设定是最重要的一环。而在毕业设计的过程中，这一个环节也是花了最多时间和精力的。

Q3-2：一个完整的毕业设计，离不开文本与图像，我们如何处理书籍设计作品中的文本与图像的关系？

林春霞： 因为书籍比较重要的一个功能是如何准确且高效地传递信息，所以个人认为处理文本和图像的主次关系是设计书籍的一个关键。应该以文本为主还是图像为主，都需要根据书籍内容以及最终目的去决定，去排版。

Q3-3：完成了作品的文本内容产出与作品的设计效果呈现，我们既是"作者"，也是"设计师"。从内容到设计，如何保证内容以最好的形式传达给观者？

林春霞： 从内容产出到设计成品，对我而言内容输出的形式好像是最难的一关。设计师需要从观者的角度出发，客观地看待整个设计，才能保证以最好的形式传达给观者。如果一味追求把"自己所想传达的内容"100% 传达完整，好像很难达到最好的传达效果，所以在设计转化的时候也要对内容做一定取舍。

Q3-4: 在最终毕业设计作品呈现中，除了书籍设计，还借助其他哪些形式来呈现？这些形式是如何与书籍相结合的？

林春霞: 除了书籍设计，我还利用了动画形式来呈现。因为书籍是偏理论性的内容，为了能让观者在视觉和听觉上更直观地"感受"回声室效应，所以利用书籍里的角色制作相关动画。

Q3-5: 想象 20 年后的视觉传达设计专业的学生，看到你这次的书籍设计作品，会作何评价？

林春霞: 太难想象了，不过应该会觉得表现形式很传统、很旧吧，哈哈哈。

Q3-6: 你认为未来的书籍设计会是什么样的？

林春霞: 现在市面上已经陆续出现引入 AR 技术等等的小册子和书籍了，未来的书籍应该会跟新技术有更加密切的联系吧。

D.

陈思琪

庄瑞灵

Q3-1: 在整个书籍设计过程，你认为哪个环节最重要，最能传达你的观念？

在本书籍设计的过程中最重要的是书籍结构这部分。希望两代人能更好地交流是设计的初衷，所以我们把本书设计成两侧对翻的形式来展现"对话"，也让读者在阅读的时候能因为书体结构的不同对作品有更好的理解。

Q3-2: 一个完整的毕业设计，离不开文本与图像，我们如何处理书籍设计作品中的文本与图像的关系？

不论是文本还是图像，首先与作品的主题是相符合的。好比主题想表达的是关于情感方面，图像能很直观地表达情感，而文本与表达不同情感的图像在一起的时候，文本的字体大小、形态、位置都应该与图像产生联系。文本也能表达出情感，是另一个层次上的图像。

Q3-3: 完成了作品的文本内容产出与作品的设计效果呈现，我们既是"作者"，也是"设计师"。从内容到设计，如何保证内容以最好的形式传达给观者？

把自己当作"观者"，找到大部分观者的共同点，内容上以此为基础，才能做到所谓的共鸣。再在设计上多与观者产生一些互动，一些真实的体验能让观者更好地理解你想表达的内容情感。

Q3-4: 在最终毕业设计作品呈现中，除了书籍设计，还借助其他哪些形式来呈现？这些形式是如何与书籍相结合的？

除了书籍设计外，还采用了 RISO 特殊印刷和实物展示等形式呈现。RISO 印刷是结合在书籍里，实物展示是毕设展览的重要组成部分，这些形式都是与书籍的内容相呼应的，能给观者沉浸式的体验。

Q3-5: 想象 20 年后的视觉传达设计专业的学生，看到你这次的书籍设计作品，会作何评价？

应该不觉得新鲜，是本很普通的书吧。但能看到比 20 年前的现在还要古老的内容应该也是挺新奇的。

Q3-6: 你认为未来的书籍设计会是什么样的？

随着现在多元化的发展，书籍设计应该更加多元化了，可能更具互动性，体验感会更好。

课堂练习＋章节思考题

课堂练习

写一份围绕设计选题的调研报告。

将设计过程通过手绘、照片、视频等手段记录下来，汇总成册。

章节思考题

如何把握书籍设计过程中的信息导向？

如何达到书籍内在功能美和外在形式美的协调统一？

如何能在把握内容主题的前提下，体现书籍的创意个性？

Chapter Four

The Development of Contemporary Book Design

—

第四章

当代书籍设计的发展

—

　　当今世界新媒体技术的迅猛发展使得多媒体电子书籍受到读者的广泛追捧，纸质书籍市场的发展面临着巨大的压力和挑战。因此，当代书籍设计必须要打破传统思维方式的束缚，走多元化设计的路线。本章从概念书籍的概念与意义、创意与表现切入，构造书籍设计未来发展的可能性，并以书籍设计的形态发展新维度以及书籍设计的信息传播新方式解构新媒体时代下的书籍新形态。期望当代的设计师不断开拓新的设计观念，领悟书籍设计的新内涵，寻找更多独特的设计语言，探索当代书籍设计发展的可能性。

第一节　概念书籍设计的未来

一、概念书籍设计的概念与意义

　　书籍设计的形式随着社会的进步和时代的发展不断变迁，在文化、技术、市场等因素的影响下，我国书籍设计的形式和语言都在快速地变革，呈现出崭新的、多样的面貌，概念书籍就是其中最具代表性的形式。概念书籍是基于传统书籍，寻求表现书籍内容的另一种具有独创性与前瞻性的书籍形式。它根植于内容，却在创意、形态、材料、工艺等设计表现上另辟蹊径，使设计内容和表现形式协调共生，让人耳目一新。

　　概念书籍设计可理解为书籍设计中的一种探索行为，探索书籍新形态的各种可能性。从宏观的角度来说，概念书籍的形成丰富并拓宽了书籍的功能，使书籍在某种程度上不仅只被视为一般意义上的商品，它既能表达书籍内涵，又能体现设计师的思想与理念，能为人们提供接收信息更多元的方法，引导读者在书籍艺术的审美、阅读习惯、文化品位以及设计表现的接受程度上寻求未来书籍的设计方向。

二、概念书籍设计的创意与表现

　　概念书籍设计是设计师将书籍内涵以创新的方式视觉化的设计过程，是设计师将设计思想明确化、形式化、概念化地向读者呈现的过程。其创意与表现的手法多样，形式多变，包括书籍文稿内容的全新转译、印刷材料与工艺的创新应用、书籍形态的大胆突破，等等，因此，概念书籍设计的创意与表现不仅涉及设计方面的内容，还会相应地涉及材料学、信息学、印刷工艺技术、电子科技等各种门类的知识，它的发展与各方面的发展息息相关，很多优秀的概念书籍都得到设计师、出版社、发行商以及大众的高度关注，引领书籍设计未来发展的方向与潮流。

伊玛·布（Irma Boom）及工作室

　　《Chanel: Livre D'artistes》是"世界最美的书"三度金奖得主——荷兰著名设计师伊玛·布（Irma Boom）于 2013 年为巴黎东京宫举行的"文化香奈儿—N°5 香水（N°5 Culture Chanel）"展览设计的特别版书籍。这本书的设计角度非常独特，设计师刻意舍弃香水的味道作为书的元素，表面看上去似乎完全是白色的，没有任何内容，没有使用墨水，但仔细观察，是使用轧花工艺替代油墨，将加布里埃尔·香奈儿的故事"雕刻"在纸张上，140 个对折页内是带有插图和手写文字的浮雕，构成了这本足有 5cm 厚的"香奈儿之书"。伊玛·布曾在采访中说道："香水就是你看不到它，但同时感觉它在那里"，因此，相较于香味本身，更希望读者将注意力放在视觉和触觉上，当读者翻阅这本关于香水的作品时，没有香味反而会使阅读变得更加独特且引人深思。

《Chanel：Livre D'artistes》/ 设计：伊玛·布（Irma Boom）

日本电通广告公司（名古屋办公室）与医药公司 Kishokai 合作创作的《Mother Book》（译为《妈妈的书》或《孕妇日志》）是一本充满爱与趣味的日志。该书籍构思巧妙，全书共 40 页，每页代表一周，随着页面的翻阅，肚子慢慢地变大隆起，记录了孕妇在 40 周孕期中随着胎儿的发育身体发生的变化，帮助准父母了解孕妇和胎儿在每一时期的状态。在表现形式上，通过对每一张内页进行精准的模切，随着读者的翻动，纸张形态在不断地堆叠，直观地表现出孕妇和胎儿的整个变化过程，从时间、空间、图形、工艺、形式等不同维度上表达书籍的整体设计概念与内涵；在版式设计上，跳跃的图形表现与大量的留白，给准妈妈们留出随意涂写的空间，记录怀孕过程中的各种感受。

《Mother Book》/ 设计：日本电通广告公司 Dentsu

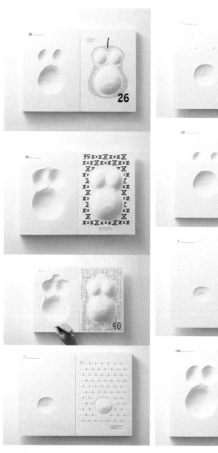

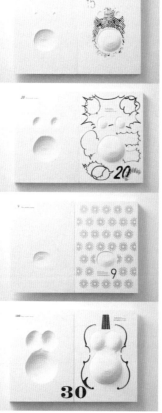

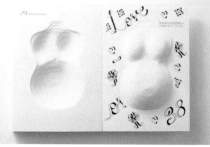

　　福岛第一核电站事故是位于日本福岛县海滨的福岛第一核电站因 2011 年 3 月 11 日发生的东日本大震灾所引起的一系列设备损毁、堆芯熔毁、辐射释放等核能灾害事件。福岛核灾难污染了 25000 公顷的农田，全球土壤、植物研究设备供应商米特集团（Meter Group）和东京大学开发了一种创新的去污方法，使福岛县的农民能够再次种植安全的稻米。为了消除人们对福岛的残留污名的偏见，该集团联合德国卅六策广告（Serviceplan，Germany）共同创作了一本书，名为《福岛制造》。该书是由从福岛收获的去污稻草为原料制成，全书的内容主要是介绍米特集团如何净化农作物，附有纪实照片、访谈以及研究报告等，相关的数据以多种形态的可视化手段呈现，从材料构成的角度重新思考书籍的概念表达。该书已发送给食品和环境领域的主要舆论领袖，引发人们的广泛讨论，并恢复了福岛大米在全球的销售，具有一定的现实意义与社会价值。

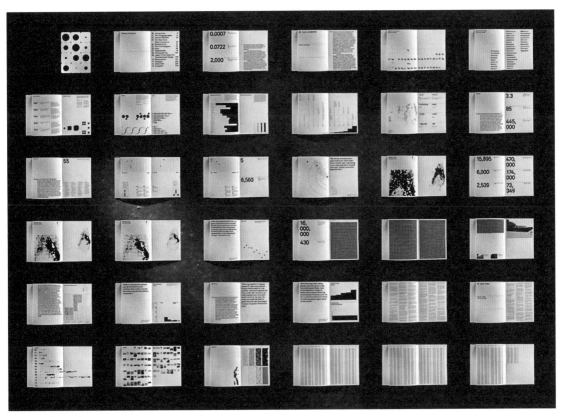

《福岛制造》/ 设计：Meter Group，Serviceplan

　　《可以喝的书》是卡耐基梅隆大学公民与环境工程专业的博士后特丽萨·丹科维斯基（Theresa Dankovich）研究 8 年的成果，被《时代》周刊评选为"2015 年度世界最棒的 25 个设计"之一。这本书的设计非常巧妙，虽然只有 26 页，但每页纸既厚又坚固，并嵌着细菌的天敌——纳米银离子，形成一种能用于过滤的抗菌纸。每一页纸上，都用特制的食用墨水印着温馨的提示语，向人们尤其是欠发达地区的贫困人群宣传饮用干净的水的重要性。书的包装盒就是一个过滤器，需要过滤的时候，只需将包装盒的上下两部分叠在一起，便组成简易的滤水装置，然后撕下一张滤纸，放入这个装置中，直接将污水倒入，经过滤纸后，污水即成为可直接饮用的净水。实验证明，这种滤纸能去除水中 99% 的细菌，每张纸大约能过滤一百公升的水，这意味着每一本书就可以满足一个人四年的饮用水需求。这本"净水装置"从纸张成分、包装结构等方面进行新的尝试，赋予了书籍更大的价值。

《可以喝的书》/ 设计：特丽萨·丹科维斯基（Theresa Dankovich）

第二节 新媒体时代下的书籍新形态

一、书籍设计的形态发展新维度

新媒体技术和信息科技的广泛应用与迅猛发展逐渐改变了人们的阅读方式，数字阅读的时代悄然而至，书籍设计的形态迎来了革命性的变化，新型的书籍阅读形态——电子书应运而生。在电子书的冲击下，我们应该意识到，现代的纸质书籍设计是一个技术、工艺、材料和艺术的多元集合体，它不应该与数字书籍构成竞争，而应该给读者提供一种电子书不具备的、物理形式上对书籍主题内容的回应，它们之间应该是相互促进、协同发展的关系。电子书的设计应该更讲究整体的设计美感的呈现，让读者的阅读更为舒适，更便捷。而纸质书籍的材料触感、视觉质感等很多特质是电子书籍无法替代的，可以说，电子载体让纸张书籍更显珍贵。

日本著名设计家原研哉认为正是数字媒体的发展，原来以传达图文为最主要功能的纸张载体被解放出来，书，将以独立的艺术形式而存在。吕敬人老师也认为未来的书不会消失，书会成为一种引人瞩目、爱不释手的艺术品，读书人、爱书者会更珍视。未来电子书、量产印制的书和小批量的手工书将根据不同的受众需求而并驾齐驱。因此，当代的设计师应不断探寻既传承传统书籍文化，又符合时代阅读需求的书籍设计新亮点、新路径，焕发纸质书籍艺术的新活力，探索书籍设计形态发展的新维度。

二、书籍设计的信息传播新方式

在电子媒介快速成长的语境下，当代书籍正逐渐从单向性知识信息传播向着多元化传播发展，由平面化、静态化形态向互动性、多维体验式的方向迈进。

设计师通过把握内容信息间的联系营造信息层次秩序，综合运用 3D 技术、机动装置、AR（Augmented Reality）技术、编程系统等跨学科的手法，重构书籍的整体维度，将复杂的信息内在逻辑关系更立体地呈现，探索书籍设计信息传播的新方式。如日本著名设计家杉浦康平早在 2001 年就与天文学家合作，设计了借助观察器的三维阅读书籍《立体看星星》。这本书依据双目视差视觉生理原理，以及精确计算的天文数据创作完成，是世界上第一本使用红蓝眼镜认识天空中 88 个星座的书。红蓝眼镜作为观察器配在书中，读者戴上眼镜后看这本书就会看见奇特的 3D 立体效果，每一个星座都历历在目，使人仿佛置身于无垠的浩瀚星空之中，享受着视觉与心灵的激荡。

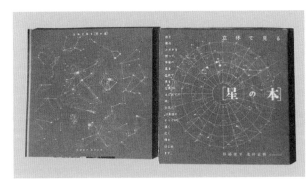

《立体看星星》/ 设计：杉浦康平

　　《CULTURE》是享誉全球的鬼才设计师施德明为宝马集团庆颂投身文化发展事业 40 周年做的一本书，施德明一直认为文化应该是一种动态的事物。这本书不仅是一本能够翻阅的书，而且是一部完整的、能够被遥控的汽车，一本能够随处驾驭的书。把 1488 本书的封面排列起来，还能够拼接成一幅 7m×7m 的画面，画面呈现的是著名的 BMW 四缸大厦的鸟瞰图。因此，每本书的封面都展现了独一无二的片段式的画面，整体设计独具匠心，充满创新的想象力，探索信息传播的新形式。

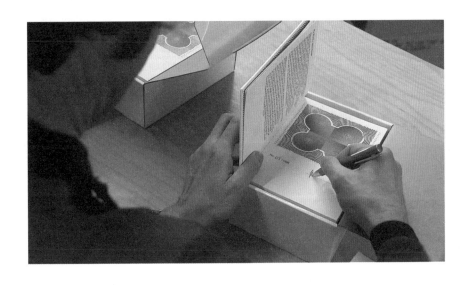

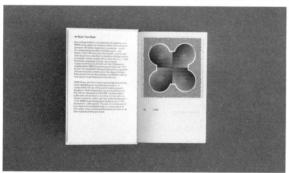

No:　　/ 1488

《Culture》/ 设计：施德明

"This is a Book"是浙江大学国际设计研究院为新加坡科技设计大学的 53 名交换生主办的一次创新设计工作坊，该项目以书籍为信息传达的载体，在美国卡耐基梅隆大学形变物质实验室提供的技术支持下，在为期两周半的时间内，学生们经过高强度的设计思维训练，学习掌握热塑材料的变形原理、3D 打印技术和电子电路控制方法，反复实验，最后设计并制作了近 20 本极富创意的会变形的书。每本书都是一个故事：这是一本会滴水的书，这是一本凡·高的书，这是一本有感情的书，等等，书中的图案会根据故事情节的发展以及温度的变化而产生形变，翻阅的过程中充满惊喜，从设计思维结合科技的角度拓展了书籍设计的信息传播的可能性。

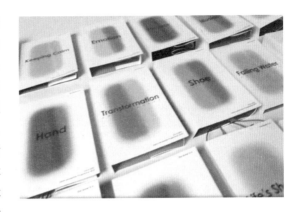

"This is a Book"项目 / 浙江大学国际设计研究院、美国卡耐基梅隆大学

AR 技术在书籍设计中的数字化呈现打破了传统书籍的形态，模拟三维动态视景，用交互式、沉浸式的阅读体验重塑传统书籍的媒介形态和信息传播格局，成为当下炙手可热的技术手段，有效地推动了出版业的智能化发展。目前已经有不少出版社将 AR 技术很好地应用到了科普读物中，如由电子工业出版社联合中国科学技术大学新媒体研究院共同出版的《消失的世界》，该书原版由法国儿童作家亨利·德斯梅（Henry Desmet）创作，2011 年荣获法国科研部、文化和交流部赞助支持的"法国科普奖"。2016 年国内引进版正式推出市场，通过 AR 技术的植入，使得绘本中的原始动物能够立体地呈现在屏幕中。读者可以通过动画看到 26 种灭绝生物的代表性动作特效，配有科普知识的语音解说，并可以实现与绘本中的立体生物进行合影的功能。国家文物局支持项目——陕西历史博物馆藏品图册《让文物活起来·陕历博》是美术类书籍较早涉足 AR 技术的案例，纸质图册仅提供实物图与线框图，AR 技术利用 3D 模型将文物更灵动地向观者展示，让文物活起来。

AR 技术的应用给读者带来了愉悦的沉浸式阅读体验，激发视觉、听觉、触觉等多种感能的综合调用，这项技术将联动 VR（Virtual Reality）技术以及其他相关的技术手段，广泛应用于不同类型的出版物中，助力书籍设计的信息传播方式开拓更新更广的领域。

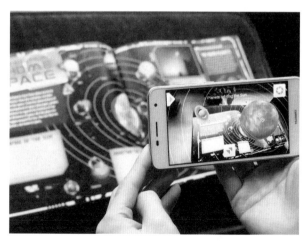

《科学跑出来》系列 / 中信出版社

《消失的世界》/ 电子工业出版社、中国科学技术大学新媒体研究院

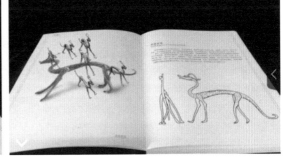

《让文物活起来·国家宝藏》/ 陕西历史博物馆

课堂练习 + 章节思考题

课堂练习

自拟概念，以思维导图的方式列出概念书籍的不同形态设计。

列举出可能运用于书籍设计的技术手段，设想两者结合的可能性。

章节思考题

概念书籍与传统书籍的核心区别在哪里？

未来的书籍设计会呈现什么样的形态？

当代书籍设计师应该具备怎样的素质？

附录1　书籍设计常用术语

护封（又称封套、包封）——包裹在书籍封面外部的一张偏长形的印刷品，高度与书相等，长度能把整本书的前封、书脊和后封都包裹住，在两边各有5~10cm的勒口，起到保护、装饰封面的作用。

封面（又称封一、前封、封皮、书面）——封面印有书名、作者、译者姓名和出版社的名称。封面起着美化书刊和保护书芯的作用。

封里（又称封二）——封面的背页。封里一般是空白的，在期刊中常用它来印目录或有关的图片。

封底里（又称封三）——封底的背页。封底里一般为空白页，在期刊中常用它来印正文或其他正文以外的文字、图片。

封底（又称封四、后封、底封）——图书在封底的右下方印统一书号和定价，期刊在封底印版权页，或用来印目录及其他非正文部分的文字、图片。

书脊（又称封脊）——连接封面和封底的书脊部。书脊上一般印有书名、册次（卷、集、册）、作者、译者姓名和出版社名，以便于查找。

函套（又称书函、书盒）——用来包装书册的盒子或书夹，主要是为了保护书籍，便于携带，同时增强书籍的艺术感和收藏价值。

勒口（又称飘口）——在前封与后封的外切口处，封面纸一般会留有约5~10cm的尺寸往里折，前封翻口处称前勒口，后封翻口处称后勒口。

腰封（又称半护封、环套）——一般是绕在护封表面的下半部分，高度一般为5cm，因绕在护封的腰部而得名，主要是为了介绍书中的补充内容，并起到装饰、促销的作用。

订口——书籍装订处到版心之间的空白部分。

切口——除订口以外，书籍的另外三边切齐的部分。

书冠——封面上方印书名文字的部分。

书脚——封面下方印出版单位名称的部分。

环衬（又称环衬页、蝴蝶页）——连接封面与书芯的衬纸。书芯前的环衬页是前环衬，书芯后的环衬页是后环衬。

扉页（又称内封、副封面）——书籍封面或环衬之后、正文之前的一页，可理解为书籍内部设计的开始。扉页上一般包括书名、副标题、作者、出版机构名称等。

版权页——版本的记录页，一般印在扉页背页或书末的最后一页。版权页中，按有关规定记录有书名、作者、出版社、发行者、印刷者、版次、印次、印数、开本、印张、字数、出版年月、定价、国家统一书号、图书在版编目（CIP）数据等。

目录——全书内容的总纲领，摘录全书各章、节标题的记录，起到主题索引的作用，便于读者查找。目录一般放在扉页或前言之后，正文之前。期刊中因印张所限，常将目录放在封二上。

序言、后记——序言是著者或相关人员阐述撰写该书的意义的短文，一般附在正文之前。后记则是附在书籍的最后面，也称跋、编后，通常是著者向读者交代编著的经过，感谢重要的参与人员等。

参考文献页——列出撰写或编著正文内容过程中参考的书目、文章、文件并加以注明的专页，通常放在正文之后。

插页——版面超过开本范围的、单独印刷插装在书刊内、印有图或表的单页。也指版面不超过开本，纸张与开本尺寸相同，但用不同于正文的纸张或颜色印刷的书页。

篇章页（又称中扉页或隔页）——在正文各篇、章起始前排的，印有篇、编或章名称的一面单页。篇章页只能利用单码、双码留空白。篇章页插在双码之后，一般作暗码计算或不计页码。

索引——分为主题索引、内容索引、名词索引、学名索引、人名索引等多种。索引属于正文以外部分的文字记载，一般用较小字号双栏排于正文之后。索引中标有页码，以便于读者查找。

版式——书刊正文部分的全部格式，包括正文和标题的字体、字号、版心大小、通栏、双栏、每页的行数、每行字数、行距及表格、图片的排版位置等。

版心——每面书页上的文字部分，包括章、节标题、正文以及图、表、公式等。

　　版口（又称书口）——版心左右上下的极限，在某种意义上即指版心。版心是以版面的面积来计算范围的，版口则以左右上下的周边来计算范围。简单地说就是书籍可以翻阅的开口。

　　超版口——超过左右或上下版口极限的版面。当一个图或一个表的左右或上下超过了版口，则称为超版口图或超版口表。

　　横排本——翻口在右，订口在左，文字从左至右，字行由上至下排印的版本，现代出版的书籍一般使用横排本。

　　竖排本——翻口在左，订口在右，文字从上至下，字行由右至左排印的版本，一般用于古书。

　　刊头——用于表示文章或版别的性质，也是一种点缀性的装饰。刊头一般排在报纸、杂志、诗歌、散文的大标题的上边或左上角。

　　跨栏（又称破栏）——在分栏的页面中，一栏排不下的内容延伸到另一栏去而占多栏的排法。

　　天头——每面书页的上端空白处。

　　地脚——每面书页的下端空白处。

　　暗码——不排页码而又占页码的书页。一般用于超版心的插图页、空白页或隔页等。

　　表注——表格的注解和说明。一般排在表的下方，也有的排在表框之内，表注的行长一般不要超过表的长度。

　　图注——插图的注解和说明。一般排在图题下面，少数排在图题之上。图注的行长一般不应超过图的长度。

　　左页——出版物的左手页。左页上的页码，一般为偶数。

　　右页——出版物的右手页。右页上的页码，一般为单数。

　　国际标准书号（ISBN）——用于出版物的国际编号，通常印刷在扉页或版权页。

附录2 纸张常用规格

纸张的定量——纸张面积单位的重量，单位用 g/m² 表示。一般来说，300g/m² 以下的称为"纸"，超过 300g/m² 即称为"纸板"。印刷用纸的计量单位有令、卷、吨等。一令为 500 张纸，一卷约相当于 10 令。

印张——版权页上的印张，表示该种出版物的一本书所需要的印刷纸张数量，它是计算定价的依据之一。一张全开纸有正面、反面两个印刷面，规定以一个印刷面为一个印张。所以，一张全开纸有 2 个印张。计算公式为：总面数÷开数＝印张。

页张——与张的意义相同，一页即两面（书页正、反两个印面）。

书帖——将印刷好的页张按照页码和版面顺序，折成 4 折或更多折后，形成的一沓纸张。

ISO 国际标准——国际标准化组织的 ISO 216 国际标准指明了大多数国家使用的标准纸张的尺寸。此标准源自德国，在 1922 年通过，定义了 A、B、C 三组纸张尺寸。

纸张的开切——纸张通常以几何级数为依据来开切。如在全开纸的二分之一处开切，得到的两页纸为对开，以此类推就能得出 4 开、8 开、16 开、32 开、64 开等。

国际标准纸张尺寸（单位：mm）

ISO 216 A		ISO 216 B		ISO 216 C	
A0	841×1189	B0	1000×1414	C0	917×1297
A1	594×841	B1	707×1000	C1	648×917
A2	420×594	B2	500×707	C2	458×648
A3	297×420	B3	353×500	C3	324×458
A4	210×297	B4	250×353	C4	229×324
A5	148×210	B5	176×250	C5	162×229
A6	105×148	B6	125×176	C6	114×162
A7	74×105	B7	88×125	C7	81×114
A8	52×74	B8	62×88	DL	110×220
A9	37×52	B9	44×62	C7/6	81×162
A10	26×37	B10	31×44		

常见图书开本尺寸（净）（单位：mm）

正度对开	736×520	大度对开	840×570
正度 4 开	520×368	大度 4 开	570×420
正度 8 开	368×260	大度 8 开	420×285
正度 16 开	260×185	大度 16 开	285×210
正度 32 开	184×130	大度 32 开	203×140
正度 64 开	126×92	大度 64 开	148×105

常见纸张开切尺寸（单位：mm）

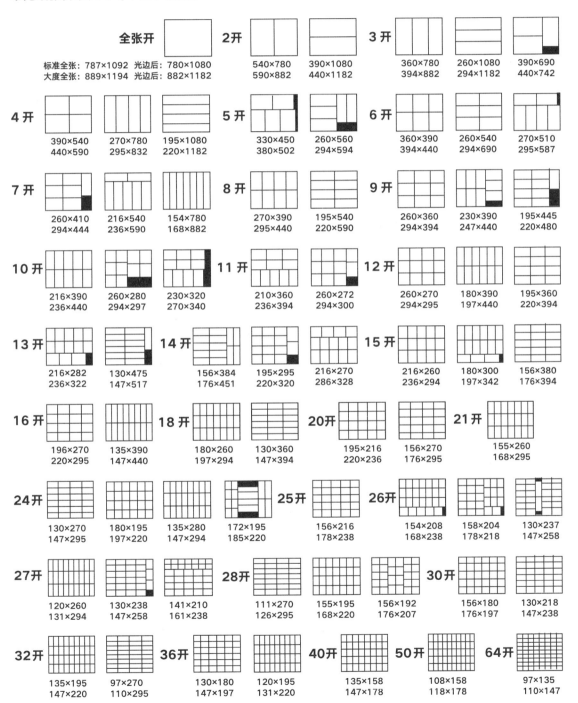

全张开

标准全张：787×1092　光边后：780×1080
大度全张：889×1194　光边后：882×1182

2开
540×780
590×882
390×1080
440×1182

3开
360×780
394×882
260×1080
294×1182
390×690
440×742

4开
390×540
440×590
270×780
295×832
195×1080
220×1182

5开
330×450
380×502
260×560
294×594

6开
360×390
394×440
260×540
294×690
270×510
295×587

7开
260×410
294×444
216×540
236×590
154×780
168×882

8开
270×390
295×440
195×540
220×590

9开
260×360
294×394
230×390
247×440
195×445
220×480

10开
216×390
236×440
260×280
294×297
230×320
270×340

11开
210×360
236×394
260×272
294×300

12开
260×270
294×295
180×390
197×440
195×360
220×394

13开
216×282
236×322
130×475
147×517

14开
156×384
176×451
195×295
220×320
216×270
286×328

15开
216×260
236×294
180×300
197×342
156×380
176×394

16开
196×270
220×295
135×390
147×440

18开
180×260
197×294
130×360
147×394

20开
195×216
220×236
156×270
176×295

21开
155×260
168×295

24开
130×270
147×295
180×195
197×220
135×280
147×294
172×195
185×220

25开
156×216
178×238

26开
154×208
168×238
158×204
178×218
130×237
147×258

27开
120×260
131×294
130×238
147×258
141×210
161×238

28开
111×270
126×295
155×195
168×220
156×192
176×207

30开
156×180
176×197
130×218
147×238

32开
135×195
147×220
97×270
110×295

36开
130×180
147×197
120×195
131×220

40开
135×158
147×178

50开
108×158
118×178

64开
97×135
110×147

参考文献

[1] 吕敬人.法古创新·敬人人敬：吕敬人的书籍设计 [M].上海：上海人民美术出版社,2018.

[2] 吕敬人.书艺问道 [M].北京：中国青年出版社,2006.

[3] （日）杉浦捷治.旋：杉浦康平的设计世界 [M].吕立人,吕敬人,译.北京：生活·读书·新知三联书店,2013.

[4] 杉浦康平.文字的力与美 [M].庄伯和,译.北京：北京联合出版公司,2014.

[5] （英）安德鲁·哈斯拉姆.书籍设计 [M].王思楠,译.上海：上海人民美术出版社,2020.

[6] （法）吕西安·费弗尔,（法）亨利－让·马丁.书籍的历史：从手抄本到印刷书 [M].和灿欣,译.北京：中国友谊出版公司,2019.

[7] （西班牙）乔瑟普·坎伯拉斯.欧洲古典装帧工艺 [M].于宥均,译.北京：中国青年出版社,2015.

[8] 王绍强.版式设计 +[M].北京：中国青年出版社,2013.

[9] 王绍强.书形 [M].北京：中国青年出版社,2012.

[10] 邓中和.书籍装帧：创意设计 [M].北京：中国青年出版社,2004.

[11] 红彦,张平.中国古籍装具 [M].北京：国家图书馆出版社,2012.

[12] 善本出版有限公司.书籍形态艺术 [M].北京：电子工业出版社,2018.

[13] 张道一.美载汉字 [M].上海：上海锦绣文章出版社,2012.

[14] Sandu Publishing. IMPRINT2[M]. Sandu Publishing Co., Ltd., 2013.

[15] Masterson, Pete. Book Design and Production：A Guide for Authors and Publishers[M]. Aeonix Publishing Group, 2005.

[16] Andreas Uebele. Signage Systems and Information Graphics[M]. London：Thames & Hudson, 2006.

后记

本书的编写重点集结了笔者这几年做书籍设计教学研究的三个课题成果。笔者深知，关于书籍设计的理论和方法还需要不断地学习与摸索，尤其对于教材而言，其涉及的问题或许会更为繁杂。如何在充分掌握了书籍设计课程教学内涵后更多地拓展书籍设计理念，如何提高学生理论与实践相结合的能力，等等，都需要更进一步的研究与探索。

感谢中国建筑工业出版社的编辑及同事促成本书的出版，感谢广州美术学院的领导、老师以及同学们，他（她）们对本书的顺利完成给予了大力的支持与配合，感谢在百忙之中为本书作序的二位老师，老师们宽阔的学术视野让笔者深感钦佩。也要感谢本书所引的学术文献和图例的作者，没有这些优秀的研究与作品，是无法完成本书编写的。虽然已经尽力联系到作者本人，以获得图片及部分文字的使用权，若有遗漏请作者来信联系（我的邮箱地址是 Chen_meihuan@126.com）。再次向设计界的前辈和曾经给予我鼓励和帮助的朋友，致以由衷的感激。

由于篇幅有限，很多知识点未能作十分详细的陈述，学生课题作品也必然有不成熟、不完整的地方，但学生在创作的过程中迸发出来的创造力和刻苦的精神，是难能可贵的。真诚地希望广大读者对本书提出宝贵的意见，笔者深信，在越来越多优秀书籍设计师的推动下，中国书籍设计的发展之路一定越走越宽。

陈美欢

2021 年 6 月